百年の計をもって

海を耕す

龜山　勝

龍鳳書房

まえがき

本書は大きく分けると第一章と二章の前段と第三章から六章までの後段の二つに分かれている。それぞれの時代と舞台は、前段の時代は戦前、舞台は日本が統治していた朝鮮半島。総督府七代目宇垣一成総督（一九三一〜一九三六年）時代の朝鮮半島、後段が、戦中の朝鮮半島釜山、戦後から現代までの下関になる。

また、前段・後段ともそれぞれ軸になる人物がいる。前段は鎌田澤一郎《たくいちろう》、後段は田中耕之助だ。鎌田澤一郎は、ジャーナリストで宇垣総督のブレーン役を務め、鎌田が描いた構想を基に宇垣が政策を展開する。もう少し具体的に言うと、鎌田は、朝鮮半島の産業を振興させて、そこから得られる産物や財源を満州蒙古への発展に注ぐ構想を描いた。言い換えると、朝鮮半島の産業振興と満蒙侵出への兵站地政策である。

その朝鮮半島の産業振興のひとつにイワシ漁業があり、イワシの魚油からグリセリンを製造し、戦争に欠かせない爆薬のニトログリセリンを生産する構想があった。そこで漁獲と魚油を効率よく生産するための指導者を養成する水産の高等教育機関の設置が必要となり、その結果、太平洋戦争開戦の年の一九四一年に創設されたのが釜山高等水産学校だ。その釜山高等水産学校の初代校長を務めたのが東京の水産講習所から招かれた田中耕之助だった。

鎌田は、ジャーナリストとして、現場を踏査して得た知識を基に科学的根拠を示しながら数多い執筆活動で具体的で現実的な日本の進むべき方向を示した構想を展開する。田中は、信念の表れとも言える「百年の計をもって海を耕す」の言葉で、明治以来水産講習所が築いて来た水産実学教育の種を釜山の地に蒔く。戦後、釜山では苦労しながらも育て上げ、二〇一八年には世界水産大学の開校になるまで発展している。

鎌田は、朝鮮半島を足場に満蒙あるいは世界を視野に入れた発展を期した比較的短期の構想を打ち出した。田中は、海に人知を注いで、そこから還元される益を期すギブ＆テイクの考えで、日本近海あるいは世界の海を視野に入れた発展を期した比較的長期の信念を提示した。この二人は、陸上と海という違いはあったが、ともに広い視野に立っていたという点で共通する。また、生前に目的を達成できなかったという点でも共通している。

鎌田の構想は、宇垣内閣の実現を目前にしながら陸軍の反対もあって流産したので達成できず、田中の信念は、戦後、苦労の中で下関に引揚げて再興したにもかかわらず、ビキニ環礁調査で世界に名を馳せた練習船俊鶻丸の収賄事件で引責辞職し、後継の松生義勝の早世で、その後、力強い継承者が現われないまま結実に至っていない。

だが、田中の抽象的で受け止め方が難しい言葉の「海を耕す」を検証・吟味して行くと、現在あるいはこれからの日本の海との接し方を示唆していることに気づかされる。

筆者は、当初、本書の副題にある外地にあった高等教育機関の引揚げ・その後の艱難辛苦を綴る考えで取り組み始めたが、関係資料として鎌田に触れ、田中に触れて行く中で、前段の鎌田、後段の田中に惹かれて針路変更した。なお、当初の取り組みのきっかけなどは、あとがきに記す。

亀山　勝

目次

第三章　開校・引揚・再興

第四章　所管省庁と学制改革

第五章　新教育制度以降

第一章　釜山高等水産学校創設の背景

戦争色の中で創設

釜山高等水産学校（旧制）は、昭和十六（一九四一）年三月、朝鮮（現在の韓国）の釜山に創設された。この年は、十二月に日本がハワイの真珠湾を攻撃して太平洋戦争に突入した年でもある。その前々年の昭和十四（一九三九）年には、ドイツがポーランド侵攻したことを機に、イギリスとフランスがドイツに宣戦布告して第二次世界大戦がはじまっている。したがって、釜山高等水産学校は、世界が戦争色に染まって緊張している状態の中での創設だった。

創設の背景を探っていくと、『水産大学校二十五年史』[53]（以下『二十五年史』と略す）に、前年の一九四〇（昭和十五）年十一月に行われた「皇紀二千六百年の式典の祝賀記念事業の一環だった」とあるが、表向きはいざ知らず、そんな祝賀ムードに乗っただけでの創設ではなかった。太平洋戦争の一端に釜山高等水産学校の創設が関わっていたのだ。考えてみれば、戦前戦中に国が新設する機関が何らかの形で戦争に関わることは、当たり前と言えば当たり前のことだ。釜山高等水産学校の創設も例外ではなかった。

このことを「風が吹けば桶屋が儲かる」風に説明すると次の一連のとおりになる。

・戦争には爆薬のニトログリセリンが欠かせない
・ニトログリセリンの生産材料にグリセリンが要る
・グリセリンは魚油から造れる
・魚油は大量に獲れるイワシから搾り取れる

・世界一のイワシ漁場が日本海の朝鮮半島沿岸にある
・イワシを効率よく獲るための知識が要る
・それらの知識を身に着けた指導者が要る
・だから指導者を育てる高等教育機関を朝鮮半島に創る
・そこで釜山に高等水産学校が創設された

というわけだ。言い換えると、釜山高等水産学校の創設は、当時、日本が描いていた世界戦略の一端を担っていたということになる。本章では以下順次その説明をする。

鎌田澤一郎《たくいちろう》（一八九四～一九七九年）は、昭和八（一九三三）年に『朝鮮は起ち上る』(40)というかなりセンセーショナルな書を出した。その冒頭に「日本海のイワシと鴨緑江の水からダイナマイトをつくる」話があり、続いて、「萬一日本が世界を相手の大戦に遭遇すると仮定した場合何年戦争を続けても、朝鮮の水と鰯とが火薬の供給を一手で引き受けると大見得を切ったら諸君は何と思ふ？　それは多分朝鮮のお伽噺だろうと一笑に附すかも知れない。内外多事の折柄だ、お伽噺などしてゐるひまはない。厳然たる化学上の事実であって、適確な存在である（以下略、傍線筆者）」とイワシと戦争との結びつきを述べている。

そのイワシの漁場は日本海の朝鮮沿岸から沖合に広がっていた。鎌田の『朝鮮は起ち上る』の頁をめくると、まず、九頁を費やして「はしがき」があり、その冒頭が先の「日本海のイワシと鴨緑江の水からダイナマイトをつくる」話である。この事を知っている人が日本に何人いるかといった刺激的な文章でたたみ掛け、以下続けて、朝鮮には、黒鉛、無煙炭、マグネサイト、金鉱石、明礬石（アルミニュームの原鉱）など豊かな鉱物資源が埋蔵しているとある。さらに、それらの資源活用に加えて、戦争に欠かせない火薬爆発の導火や軍服の素材に使う棉花の生産、羊毛の生産と農業振興策を掲げ、これらは世界経済と国策経済にとっても、朝鮮の農業を守るためにも大切なことだと主張している。その他に石炭を石油に液化する新化学事業を勧め、さらに、満州蒙古の荒野を開発するためには、その前に足元の朝鮮に目を向けて、朝鮮を起ち上がらせることが先決だ、と主張している。これが鎌田の書『朝鮮は起ち上る』だ。スケールの大きな構想で現代風の表現にすると「朝鮮ドリーム」とでも言えそうな内容だ。

　鎌田はこの書の「はしがき」でこの構想の要約を示し、それを三四〇余頁に及ぶ本文で詳しく解説している。イワシに関わる鎌田構想の大筋は、日本が世界を相手に長年戦争を続けると仮定した場合、朝鮮の東側地域の沿岸（日本海）で獲れる世界一の漁獲量を誇るイワシから魚油を採ってグリセリン（$C_3H_8O_3$）を製造し、その一方で、鴨緑江水系を流れる水をせき止めてダムを造り、水力発電所を設け、そこから供給される電力を使って水と空気からアンモニア（NH_3）を造る。このアンモニアを硝酸（HNO_3）に変えてイワシの魚油から造ったグリセリンと合わせるとニトログリセリン（$C_3H_5(ONO_2)_3$)）ができる。朝鮮半島の水産資源も鴨緑江の水資源も豊かだからダイナマイトなど火薬 注1）の原料を他国に委ねなくても長期戦争を戦うことができるという論述

注1　ニトロセルロース（強綿薬）にニトログリセリンを加えゲル化（膠状）したものをダブルベース火薬、さらにニトログアニジンを加えた物をトリプルベース火薬と呼び、主に大口径火砲の装薬として使用される。

写真１　『朝鮮は起ち上る』広告
（鎌田澤一郎著『羊』より転載）

になっているのだ。

鎌田が満四十歳に届くか届かない年齢で執筆したこの『朝鮮は起ち上る』の初版は昭和八年の二月の発行で、同年六月に印刷された増補改訂版（写真1）は（七月発行）、京城日報社事業部の要望を受けた形をとっている。その増補版の「本書の反響」と題した項に、本書の初版本は各方面から絶賛の的となったとあって、齋藤實総理大臣（元朝鮮総督）・南次郎陸軍大臣（後の朝鮮総督）・小野塚喜平次東京帝国大総長をはじめ七二名の名士の名を連ね、その他、新聞社も含めた五百数十名の名士の方々から感謝状をいただいたとある。要するに鎌田の『朝鮮は起ち上る』の初版本は六〇〇名ほどの名士と新聞・雑誌社に贈呈されていたのだ。また、各社の新聞書評掲載が三月の日付になっているから増補版は初版を出してわずか二か月ほどしか経過していない。その期間中に名士個人や新聞社などから寄せられた四〇件ほどの書評を増補版に一一頁使って載せている。つまり、初版本の六〇〇部ほどは、増補版を出す企画の中で宣伝材料を得るための贈呈だったのだ。

そういうこともあって、増補版の書評にたとえ批判的なものがあったとしてもそれらは除かれただろうから掲載されている書評の全てが称賛したものになっている。その一例として、当時東京帝国大学教授で、昭和十七（一九四二）年に衆議院議員（大政翼賛会推薦）も務めた蝋山政道と、昭和八年三月十七日の大阪毎日新聞の記述をそれぞれ称賛箇所の一部分だけを切り取って紹介する。

蝋山は、「朝鮮の最近に於ける工業化の趨勢、隠れたる資源の開発、総督府の産業政策の批評など溌剌とした才筆で解剖され、実に価値ある読物です」。大阪毎日は、「朝鮮の鰯はダイナマイトになり、鴨緑江の水は空中窒素を供給する。黒鉛とマグネサイトは世界一、鉄と石炭の埋蔵量三十億噸等々朝鮮の宝庫は在鮮人を優に養ふのみならず、国内失業を救ふに足るといふ意見を述べた朗かな名著である」といった具合に褒めちぎっている。

『朝鮮は起ち上る』の著者は鎌田で間違いないが、増補版は、朝鮮総督府の機関紙を発行する京城日報社の事業部が著者や出版関係者にお願いして、「本社特定の増補改訂版を刊行し、改めて世に問う所以でありまして、是、とりもなほさず我社が日頃愛する朝鮮に対する当然の奉仕であることを思念するが故であります」と付記してある。そんな経緯もあるから掲載している書評の全てが朝鮮総督府を応援した自画自賛の形になっているのは当然だ。それにしても同書発行の昭和八

（一九三三）年当時の著者鎌田の肩書がわからない。ネット上では、宇垣一成総督の政策顧問、京城日報の嘱託、あるいは京城日報の社長を務めていたなどとあるがわかり難い。そのわかり難い鎌田の人物像については第二章で述べる。

ところで、京城日報は、朝鮮総督府が発行する機関紙だから、当然、宇垣総督自身もこの鎌田の書に目を通して承知していたはずだ。これも後述するが、『朝鮮は起ち上る』は、宇垣総督の政策が鎌田の構想を下地にしていたことを裏付ける書でもあり、また、朝鮮に潜在している資源の活用が日本を世界へ向かって発展させ、同時に朝鮮の産業を発展させるので朝鮮の人々に「朝鮮ドリーム」を抱かせるように書いてある。したがって、この書は、当時、国際連盟離脱などで世界の中で孤立していく日本を危惧していた人たちを少し安堵させたかもしれないし、半面、朝鮮の資源を活用すれば世界を相手に戦争も出来ると受け止めた人たちもいたはずだ。

ともかく、鎌田の『朝鮮は起ち上る』は、当時の多くの人が考え着かない画期的な構想が盛り込まれたものであることには間違いない。それに「はしがき」に誘われて一旦目を落とすとその先を読まずにいられなくなるような文章で読者を引き込んでいく（全漢字ルビ付き）。目次の一例だけを見ても、「金の朝鮮」「金を含まぬ土のない朝鮮」「輝く水産業」「豹変じてダイナマイトになる」「工業朝鮮の豪華版」「水が火薬に転身する」「日本海中心の時代が来る」等々人の関心を呼ぶキャッチフレーズが散りばめられている。それらは、贈呈された名士たちの多くが一旦表紙を開けたら読み終えるまで目を離せない工夫がなされたということだろう。しかも、その内容は、化学分野、農業分野、水産分野、鉱業分野、土木分野、経済分野と多岐にわたっているのに、素人にもわかりやすい的確な資料を基に、根拠を示しながら納得のいく説明をしている。

ただし、宇垣総督の政策にも鎌田の構想にも、具体的に高等水産学校の設立にかかわることは一言も書いてない。では、宇垣は高等水産教育に関心を持っていなかったのかと言えば、必ずしもそうでもない。

宇垣は、『宇垣一成日記』(41)の昭和十二（一九三七）年八月十日付に「山林富国は今後水産富国と並んで日本が大に努めねばならぬ大事業である。水産の如き今日尚ほ高等専門の学府も有し居らざる程に幼稚であるが、林産事業に至りては尚夫れより幼稚にして殆んど原始的の域を脱して居らぬ（傍線筆者加筆）」（原文）と記している。何だか上からの目線でちょっと水産を小馬鹿にしたようにも受け止められるが、水産事業の大切さを意識していたことは間違いない。この昭和十二年八月に書いた宇垣の日記は、宇垣が前年昭和十一年八月に朝鮮総督を退任し、翌十二年一月に、総理に推挙される天命を受けたが、軍部の反対で辞退した所謂宇垣内閣が流産した後の日記だ。

宇垣の日記文は短文で、今で言うツイッターのようなものだから、省略が多く、水産に関する高等専門学府の必要性やその設置地域を特定するなど具体的なことは何も示していない。それだけに水産の高等専門学府が朝鮮総督府も含めた日本全体を見渡してのことか、朝鮮総督府に限定してのことかなどはわからない。総理に推挙されたほどの人格者であれば日本全体を見渡してのことかと思うが、そうだとすれば、後述するように、既に東京には水産講習所、北海道には函館高等水産学校があったのだから、宇垣が水産の高等専門学校がないと言うのは、内地全体を指しているわけでもなさそうだ。そんなことから、宇垣が水産の高等専門学府がないと言うのは、宇垣が日記の前年まで総督として治めていた朝鮮総督府に限ってのことと受け止めるのが妥当だ。そうすると、この日記文は、宇垣が朝鮮総督府に水産の高等教育機関がないことを意識していたことの表れだと読み取ることが出来る。

『二十五年史』には、朝鮮総督府の殖産局水産課の北野退蔵技師が、水産業発展のためを思って、高等水産学校の設立の必要性を関係水産業界に尽力した旨、記述されている。だが、総督府という組織に所属している身でありながら、個人プレーで水産業界に働き掛けることはでき難いはずだ。北野が動けたのは、総督府が表だって高等水産学校を設立する計画を打ちだす前に、たとえば、宇垣総督が高等水産教育機関の必要性を口走り、それを実務担当者が直接あるいは間接に耳にすれば、半分お墨付きをいただいたようなもので、担当者は水産業界の意向打診に奔走することが出来る。打診した結果、業界が積極的賛同を示せば、改めて総督府の計画として高等水産学校設置計画を採り上げる。こう言った役所が非公式に業界を打診して、その結果次第で正式の役所の計画に盛り込む形はあり得る。

したがって、宇垣が日記で水産の高等教育の遅れを指摘していたことと、朝鮮総督府水産課の北野技師が管轄下の水産界と接触していたことはつながっていたはずだ。その接点から釜山高等水産学校が創設される具体策が講じられたと見て構わないだろう。この朝鮮総督府の打診後の水産業界の動きなどを述べる前に、終戦前の日本における水産の旧制高等教育機関について簡単に説明しておく。

戦前の高等水産教育機関

一言で高等教育機関と言っても、時代とともに変わる。その昔は藩校や漢学・蘭学塾がそれであり、明治以降は旧制大学、旧制高等学校、旧制専門学校、戦後は、一九四九年に「国立学校設置法」が制定されてから、新制大学、高等専門学校などがその対象になっている。戦前、水産専門の官営（国立）高等教育機関は、次に示す東京の水産講習所と函館の函館高等水産学校、釜山の釜山高等水産学校三校だけだった。これらを開設が早い順にみる。

・水産講習所（現東京海洋大学）

一番目は、明治三十（一八九七）年に東京に開設された水産講習所だ。水産講習所は、その源流を明治二十一（一八八八）年の大日本水産会（民間）が所管する水産伝習所に発し、紆余曲折を経て明治三十年に国立（農商務省管轄）の水産講習所になった。戦後、釜山水産専門学校（旧釜山高等水産学校）が下関に引き揚げて来ると、国は、下関に水産講習所の下関分所を設けて引揚学生の転入校とした。その分所が昭和二十二（一九四七）年に独立すると、東京を第一水産講習所、下関を第二水産講習所と改称された。

昭和二十四（一九四九）年の学制改革で第一水産講習所は農林省管轄の東京水産大学になり、さらに昭和二十五年に管轄が農林省から文部省に移った（一九八九年、『東京水産大学百年史』[63]）。その後、平成十五（二〇〇三）年に東京商船大学と合併して東京海洋大学となって現在に至っている。なお、東京周辺地域で水産の高等教育機関としては、単独ではないが、明治四十三（一九一〇）年に東京帝国大学農科大学に新設された水産学科がある。

・函館高等水産学校（現北海道大学水産学部）

二番目は、昭和十（一九三五）年に設立された函館高等水産学校だ。ただ、北海道地域の水産に関する高等教育機関の誕生という視点で見ると、その源流は、明治四十（一九〇七）年に札幌農学校に付設された高等専門学校程度の教育をした水産学科にある。

この札幌農学校から函館高等水産学校に至る経緯は複雑だ。札幌農学校は明治四十年に、水産学科も含めて東北帝国大学農科大学と改称され、その後、大正七（一九一八）年に北海道帝国大学が新設されると、東北帝大から北海道帝国大学所属の農科大学となり、この時、水産学科は北海道帝国大学の付属水産専門部になる。昭和十（一九三五）年三月に、この北海道帝国大学の付属水産専門部が閉鎖され、同年四月に函館高等水産学校が開設されている（『北大百年史』[69]）。だから、北海道という地域で見た場合、以上の経緯から国立の水産高等教育機関が開設されたのは、昭和十年というよりも明治四十（一九〇七）年とした方が適切だろう。

付け加えると、北海道帝国大学農学部には昭和十五（一九四〇）年に再び水産学科が設置されている。一方、函館高等水産学校は、昭和十九（一九四四）年に函館水産専門学校と改称され、さらに、戦後の新学制で一九四九年に北海道帝国大学が北海道大学になると、帝大農学部水産学科と函館水産専門学校が合併した形で北海道大学水産学部になった。

・釜山高等水産学校（現水産大学校）

三番目は、昭和十六（一九四一）年に、当時の朝鮮総督府に設立された本書の主題でもある釜山高等水産学校だ（一九四四年に釜山水産専門学校に改称）。東京と北海道地域が前述のとおり紆余曲折を経て水産の高等教育機関となったのに対し、釜山高等水産専門学校の場合は、清津《セイシン》など現在の北朝鮮の地に設置するか、釜山に設置するかの誘致競争があり、また、内地西日本の水産主要都市の下関を始め福岡、長崎、鹿児島からの誘致運動があった中で、釜山に創設された経緯はあるが、これらは、前述の東京や函館に較べると紆余曲折や源流と呼べるものではない。だからと言って、釜山高等水産学校は順風を得て大海原へ乗り出した航海かというと、その逆で艱難辛苦の始まりだった。詳しくは後述する。

なお、昭和十六年に福岡市にある九州帝国大学に水産学科が設置されている。また、西日本の水産都市からの高等水産教育機関設置の要望が大きかったことは、戦中の昭和十八年に東京の水産講習所の遠洋漁業科分所を下関に設置することを決定し用地も確保したが、戦局の激化で中止された（『水産大学校五十年史』(54)（以下『五十年史』と略す）。戦後の昭和二十（一九四五）年に、先述の水産講習所下関分所（現水産大学校）を下関市に、昭和二十一年に鹿児島水産専門学校（現鹿児島大学水産学部）を鹿児島市に、昭和二十四年に長崎青年師範学校水産科（現長崎大学水産学部）を佐世保市に設立したことなどから窺い知ることが出来る。

設立を支援する期成会

西日本から設立要望があったにもかかわらず、朝鮮の釜山に高等水産学校が創設された。このことは、朝鮮総督府の歴史概観を頭に置いて置かないと理解しにくいかと思う。したがって、日本が朝鮮を統治していた時代の中で釜山高等水産学校の創立に関わる時代に絞って朝鮮半島の歴史をごく簡単に整理して時系列で次に示す。

・一三九二年〜一八九七年　李氏朝鮮。李朝朝鮮時代
・一八九七（明治三十）年　日本、統監府を設置、大韓帝国（韓国）李朝の形骸化
・一九一〇（明治四三）年　日本、韓国と併合統治、朝鮮総督府を設置、朝鮮を植民地化
・一九一〇年〜一九一九年　韓国、独立（三・一）運動
・一九二四（大正十三）年　朝鮮総督府に京城帝国大学設立
・一九二七（昭和二）年　宇垣一成、半年弱の間、齋藤實総督の臨時代理総督を務める
・一九三一（昭和六）年　宇垣一成、朝鮮総督に就任、日本関東軍、満州事変で満州占領
・一九三二（昭和七）年　日本、満州国を建国。上海事変
・一九三三（昭和八）年　国際連盟は日本軍の満州撤退を可決。日本国際連盟を脱退

・一九三六（昭和十一）　宇垣一成、朝鮮総督退任　南次郎就任
・一九三七（昭和十二）　宇垣内閣流産。日中戦争（支那事変）勃発
・一九四一（昭和十六）　釜山高等水産学校設立。太平洋戦争勃発
・一九四五年～一九四八年　終戦。連合軍朝鮮を統治
・一九四八年～現代　大韓民国（韓国）、朝鮮民主主義人民共和国（北朝鮮）に分断

近代の日本と朝鮮との関係は、本来なら朝鮮が鎖国を解いて近代化の門戸を開いた一八七六（明治九）年の日朝修好条規までさかのぼらねばならないのだろうが、本冊子の主題は、日朝関係を主題としたものではないのでそこまで深入りはしない。

ところで、原田環・藤井賢二の『朝鮮の水産業開発に関する文献リスト（一八八七～二〇一四年）』(68)によると、大正十五（一九二五）年の雑誌『水産界』５１４号（大日本水産会）に「水産専門学校を朝鮮に設けよ」というタイトルの記事がある。誰が書いたかは不明だ。筆者はその原典を探したが、本文にたどり着けなかった。だが、タイトルだけからも、大正の終わりごろに朝鮮に水産の高等教育機関設立を要望する考えがあったこと窺い知ることが出来る。

また、朝鮮総督府に高等水産教育機関が必要だと考えられて設立構想が芽吹いたことは、吉田敬市の『朝鮮水産開発史』(80)から読み取ることが出来る。吉田は年代を明確に示していないが、「朝鮮に高等水産教育機関設立の要望はかなり前より関係者から叫ばれていた」「朝鮮水産会も度々総督

府に建議していた」とある。このかなり前とは、先の雑誌『水産界』から推して大正末頃かと思われる。それに、筆者が高等水産学校の設立と朝鮮のイワシとは無縁ではなさそうだと感じ取った鎌田の書『朝鮮は起ち上る』は昭和八（一九三三）年に出版されている。この年の総督は六代目の宇垣一成である（昭和六〜十一年）。その宇垣の日記から朝鮮総督府に水産の高等教育機関がないことを宇垣総督が意識していたことは既に述べた。

さらに、『二十五年史』の七頁に、高等水産学校の設立を強く期待する期成会が釜山に結成されたことに関して、当時、釜山水産株式会社の専務取締役をやっていた税田谷五郎の回想がある。税田は「高等水産学校設立の気運が出て来たのは昭和十一年〜十二年頃で、釜山に高等水産学校の釜山地区の期成会をつくったのは釜山水産株式会社の香山源太郎（一八六七〜一九四六年）だった」と言っている。この釜山地区に期成会が作られたのは昭和十一（一九三六）年頃だとすると、日本海に面した東海地区（現在の北朝鮮）は釜山地区より早く期成会をつくっていたから、それは昭和十年頃になるということで、朝鮮総督府に高等水産学校を設立する計画が具体的に出て来たのは、吉田の書、イワシ利用を主張する鎌田の書、宇垣の日記、それに、東海地区に期成会が結成された年代から判断して、宇垣総督の時代だったことは間違いない。

なお、『二十五年史』に出て来る回想あるいは回想談は、全て同誌編集委員長の越川虎吉[48]らが、釜山から引き揚げて二〇年以上経った当時、釜山時代を知っている関係者を集めた座談会形式で聴き取ったり、全国に散らばっている関係者の所に重たいデンスケ（注2）を担いで、汽車とバスを使って訪ねて聴き取ったりの苦労の産物である。

ところで、実際の設立は、先述のとおり、宇垣総督を継いだ南次郎総督（昭和十一〜十七年）の時に、昭和十四（一九三九）年に「高等水産学校設立準備委員会」が開催され、昭和十六年に釜山に創設されている。創立は、前年の昭和十五年の皇紀二千六百年記念のお祝いに関連させたと言われているが、それは表面上だけだと先に述べた。ではなぜ期成会が出来て四〜五年も経った昭和十六年に釜山に設立されたのだろうか。次の三つの答えが考えられる。

第一の答は、日本列島と朝鮮半島を見渡して高等水産学校の地理的配置バランスにある。昭和十（一九三五）年当時、水産学だけを専門に学ぶ官営（国立）の高等教育機関は、朝鮮総督府、台湾総督府を含めた日本全体で、先述のとおり、函館と東京の二か所しかなかった。西日本にも設立をして欲しいという要望に応え、かつ、朝鮮半島の水産業の発展を含めて考えた場合、図1を見ればわかるように、朝鮮半島の釜山は、地理的に西日本の中心に位置しているし、また、朝鮮から日本内地へ最も近い位置にあることで理解できる。

第二の答は、水産の研究機関として、大正十（一九二一）年に、朝鮮総督府立水産試験場が釜山に開設されていたことが挙げられる。昭和十六年当時の内地では、国立の水産試験場は、北海道の小樽（高島村）と東京の月島の二か所しかなかった。高等水産教育機関が水産試験場という研究機関の設置を必要とした理由は次のとおり。そもそも陸上で生活する人間は、陸上動植物に関する生理

注2　当時、街頭録音などに使った携帯テープレコーダーで、ソニーの登録商標。横山隆一が毎日新聞に連載した（一九四九〜五五年）の漫画デンスケから命名。（ウィキペディより）。

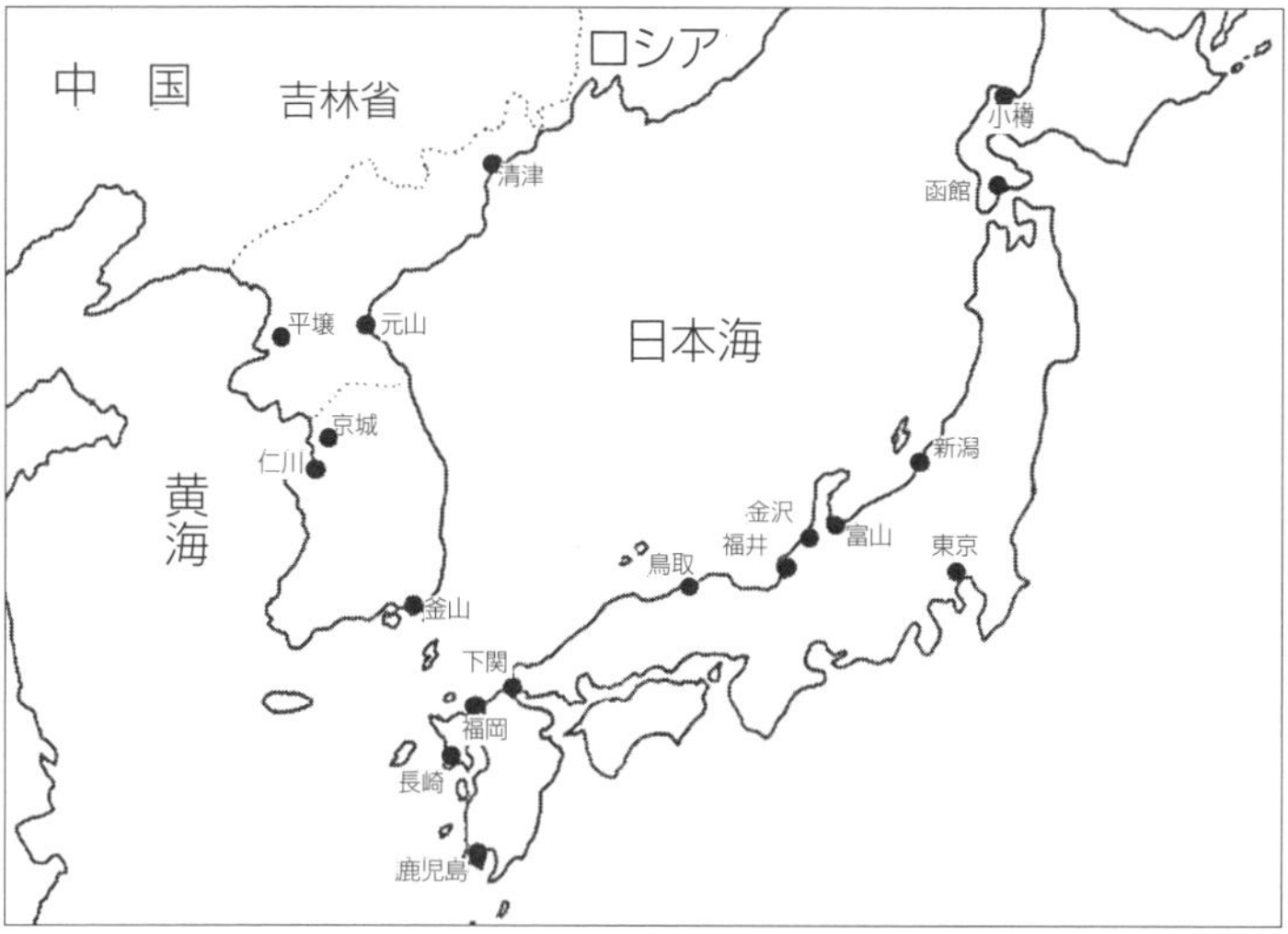

図１　日本海を中心とした地図

生態などの科学的知識をそれなりに持っていたが、それに比べて生活空間が異なる海に住む魚介類に関する知識の持ち合わせがなかった。したがって、高等水産教育をするに当たっては、まず海とそこに住む生物に関する調査研究をして、そこで得た知識を教える泥縄的な体制を採らざるを得なかったのだ。そういう事情もあって、北海道も東京も水産試験場と高等水産教育機関が位置的に隣接する地に設立されていた。同じことが朝鮮総督府に設立される高等水産学校にも望まれた。つまり、朝鮮総督府水産試験場が釜山にあったから、高等水産学校も釜山に設立された。これが第二の答えである。

　これら二つの答えで、一般的には、日本三番目の官営高等水産学校が釜山に設立された理由は納得できるかと思う。だが、もう一歩踏み込むと、地理的に近くて釜山と連絡船で結ばれていた内地の下関でもよかったのではないか、また、なぜ創立が昭和十六年だったのか、もう少し早く、宇垣総督の時代に出来てもよかったのではないかという疑問への答えが出ていない。

そこでこの第三の答を探って行くと、以下のとおり長くなるが我慢して読んでいただきたい。

まず、同校創立一〇年前の昭和六年に起きた満州事変に象徴されるように、当時満州を足掛かりとして、世界へ向かって羽ばたこうとする考えが日本にあったことにぶつかる。さらに、この先を探って行くと、先述の鎌田の書『朝鮮は起ち上る』にたどり着く。当時、世界情勢の動きによっては、世界を相手にした戦争に備えねばならない状況下にあったのだ。つまり、当時、日本は戦争体制を進めていた。戦争がはじまると、日本内地だけの資源では物資不足になるのは必至だから、朝鮮の資源を活用することが不可欠になる。その朝鮮が持っている資源を活用する言わば朝鮮兵站地構想を書いたのが鎌田の書『朝鮮は起ち上る』で、この鎌田構想を採り上げて朝鮮総督府の政策として朝鮮の産業開発に取り組んだのが、宇垣一成総督（昭和六〜十一年）だった。

鎌田は、「満州国の創立は、日本の第一線を北へ、西へと前進せしめて居る。日満経済ブロックを建設する上に於いて朝鮮をその中核に置くことは、地理的にも実質的にも当然の帰結」と著書『朝鮮は起ち上る』の「はしがき」で主張している。また、本論では、「日本海中心時代来る」のタイトルで、ソ連領に接している咸鏡北道《カンキョウホクドウ》の寒村だった羅津《ラジン》港、清津港を開発して日本、朝鮮、満州を繋げば、大連を凌ぎ、上海にも劣らぬ大港湾、大文化都市が出現する。さらに、北鮮開拓と合わせると、これまでの裏朝鮮が表朝鮮になり、蒙古、北鮮、吉林省を貫く経済血管が日本海を横断して中部日本と結びつく。そうすると、極東の新経済機構として躍動し、日本海中心時代が来るはずだ、と主張している。

加えて、鎌田は同書で宇垣一成が、陸軍大臣を辞めて朝鮮総督に就くまでの間に、大阪で日本海中心論を講演した内容を紹介している。宇垣は、講演で朝鮮の南北咸鏡道はやせた土地であったが、調査の結果、豆満江《トウマンコウ》上流の大森林、金鉱、石炭資源などが豊かであること、緬羊《めんよう》飼育に最も適した牧場地帯でもあること、また、朝鮮窒素会社が行っている水力発電や長津江《チョウシンコウ》のダム開発など水力発電資源が豊富だから大工場地帯の要素を持っていることなどを挙げ、日本海中心論を披露している。この鎌田と宇垣の日本海中心論は、言ってしまえば、鎌田が調べて得た構想を宇垣が首肯して異口同音に語っているということだ。宇垣と鎌田との関係は第二章で説明するが、昭和六年に、宇垣が朝鮮総督に就いたときから、鎌田の構想は宇垣が朝鮮の産業開発政策として具体的に採り上げられている。

一方、朝鮮のマイワシだけの漁獲量は、鎌田が昭和八年に『朝鮮は起ち上る』を書いた前年が二七万トン、八年が三四万トン、一二年になると一三九万トンと大きく伸びている。因みに、平成二十六(二〇一四)年の日本の総魚種漁獲量が三七二万トン(内訳・遠洋三七、沖合二二五、沿岸一一〇万トン)と比較すると、如何に朝鮮のマイワシ漁獲量が大きかったかがわかる。これは、第二章の「イワシ資源の変動」で詳述するが、マイワシ資源の増大期に当たる(94頁図2参照)。つまり、鎌田は、朝鮮のマイワシ漁獲量が右肩上がりで伸びている年代にイワシ資源に目を付けて、魚油からダイナマイト生産の構想を描いていたのだ。

マイワシ資源が増大して来ると、それまで沿岸の地引網や刺し網で獲っていたマイワシを新しく沖合でも操業できる巾着網《きんちゃくあみ》（巻網）で効率よく獲るようになった。この巾着網は、イワシの群れを見つけると、二艘の船から繰り出す網でぐるりと取り巻いて獲る漁法だから効率が良いわけだ。一方、朝鮮ではノリとカキの生産量も増えている。これは、養殖技術の知識が年々増えてきたことによる。このように、漁業界では、巾着網や養殖のように、新しい知識や技術の導入を急いでいた。具体的には、海流や潮流それに魚介類の生理生態に関する知識、いち早く魚群を見つけ出す技術、新しい漁具漁法を使いこなす知識等が要求される。また、その大量に獲れた漁獲物に対しても、鮮度を保つ技術、乾物や缶詰の食品にする技術、工業原料の魚油や肥料の絞め粕をつくる技術等々新しい技術を身に付けなければならない時代を迎えていた。

さらに、これら新しい時代の新しい知識や技術を導入して、現場でその活用を指導できる者を育てる高等水産学校の設立要望が、内地及び朝鮮の水産界で自然発生的に生まれていたのだ。いつどこから高等水産学校の設立要望が出て来たかを特定することはできないとしても、その要望が具体的な形となって表れたのは、まず、昭和十年頃、朝鮮東海地区に結成された期成会だ。この東海地区とは、咸鏡北道、咸鏡南道、江原道《コウゲンドウ》で現在の北朝鮮の日本海側で、当時、イワシ漁が最も盛んだった地域だ。この東海地区に次いで昭和十一年に釜山地区にも期成会が結成された。

高等水産学校の具体的設立希望地は、東海地区では清津か元山《ゲンザン》、釜山地区では釜山が期成会という団体をつくって手を挙げたわけだ。この要望は、黄海に面する朝鮮西側の京城地区仁川からも出て来たそうだが、その京城地区に期成会が結成された記録はない。つまり、三面海に面した朝鮮半島の東側（東海）、南側（釜山）、西側（京城）の三地区から高等水産学校の設立要望が出されたということだ。

繰り返しになるが、昭和十一年八月に朝鮮総督は宇垣一成から南次郎に交替している。当時、水産の実務を担当していた朝鮮総督府の殖産局長は昭和七年以来穂積真六郎だった。東海、釜山両地区の水産界の力を期成会という形で結集させたのは、水産課の北野退蔵技師（大正五年、水産講習所漁撈科十九回卒業生）に負うところが大きいと『二十五年史』(53)にあるが、この個人の働きもさることながら、結果として高等水産学校の用地と建物を水産業界の寄付金で賄い、その為に期成会が寄付を募っているところから考えると、おそらく、高等水産学校のハード面は民間に頼り、ソフト面は総督府及び国が受けもつ方針が固まったのだろう。方針が決まって担当部署の水産課の北野技師等が高等水産学校設立に向かって動けるようになったということだ。

この高等水産学校の設立計画を後押ししたのが、日本海の朝鮮海域で大漁されたイワシ漁業だ。イワシ漁業は、内地の西日本水産界から出ていた高等水産学校設立要望を抑えて、朝鮮総督府管内に設立させた立役者なのだ。それは、「日本海の鰯と、鴨緑江の水とが朝鮮に於て合流すれば、ダイナマイトに転身する。」の書き出しで始まる鎌田澤一郎の『朝鮮は起ち上る』の中に「輝く水産界」の項として記述されている。これは第二章で説明する。

朝鮮総督府における高等水産学校の設立地については、前述のとおり、東海地区、京城地区、釜山地区の三地区の水産界から誘致合戦になったが、まず、寄付金を前提にした期成会を結成できなかった京城地区は脱落し、東海地区の清津あるいは元山と釜山地区の釜山との争いに絞られた。この両地区の競争は、総督府内外で日本海中心論を展開していた宇垣一成総督の政策と鎌田の構想、それに対する実務を担当していた穂積局長の殖産局との葛藤でもあった。

言い換えると、宇垣政策と鎌田構想の日本海中心論は、南北咸鏡道、江原道で日本海の産業開発を進めている中に高等水産学校設立を組み込んでいたが、実務を受け持つ部署の総督府殖産局の役人たちは、先に指摘した第一の答と第二の答から高等水産学校の設立適地を釜山と決めていたのだ。ただ、日本海中心論を展開する宇垣総督の下では清津・元山など朝鮮東海地区が有力となるので、実務を担当する殖産局はなかなか釜山に設立する方向で動けなかった。

この殖産局が釜山に設立する考えを持っていたことは、出典が明記されていないので傍証扱いにするが、『二十五年史』六頁には、朝鮮総督府は、はじめから京城地区の仁川、東海地区の清津や元山でなく釜山という考えをもっていたが、東海地区の関係業界が設立資金を積極的に出そうと熱心に運動していたから、総督府としては、設立地域を釜山に決めているとは言い出せなかったとある。これが事実だとしても、ここで言う総督府というのは穂積殖産局長の実務担当部署のことであって、トップの総督ではない。

また、宇垣総督の時代に高等水産学校の話が具体化されて水産業界も動き始めていたのに、なぜ設立が宇垣総督の代でなく、南総督の代になったのだろうかという疑問が出て来る。この種の答は、事によっては役人の怠慢とも受け止められるから記録として残りにくい性格のものである。また、政策と現場担当の役人との間に考えのずれがあると、笛吹けども踊らずになりがちである。この問題とは別だが、どこかでつながっているのではと思えるトップが笛を吹いても現場担当の役人が踊らない記録がある。それは、同じ朝鮮総督府の例だ。

　朝鮮総督府の殖産局長を昭和七〜十六年に務めた穂積真六郎の書『わが生涯を朝鮮に』[72]に、昭和六年に宇垣総督が「産金一億円計画」を打ち出したときに、担当の殖産局が対応した話がある。その計画の実行を宇垣総督から命ぜられた当時の渡辺忍殖産局長が、担当の鉱務課に持ち帰ると、関係技師たちは、こぞって無謀な計画だ、出来っこないと反対した。その反対を宇垣総督が承知しないので、この計画は一時棚上げになってしまった。だが、採鉱技術と設備が進歩して金の生産量は年々増加し、当初年間八トンだった生産量が、昭和十一年には二〇トン、十二年には二四トンと増加していった。この現実を知らされて、「産金一億円計画」に反対していた技師たちの面目は丸潰れとなった。そこで、「産金一億円計画」をそれに見合った産出量の「産金七五トン計画」と看板を塗り替えて動き出したそうだ。

　この例がそのまま高等水産学校の創設に当てはまると言うわけではないが、トップが打ち出したとしても、現場を担当する役人が即動き出すわけではない。担当役人の考えに合わない場合は、棚上げして先送りすることもあり得るという例である。この例を基に考えると、殖産局水産課で高等水産学校の設立地を先の第一と第二の答から内心釜山と決めていたとすれば、宇垣総督および取り巻き連が日本海時代を打ち揚げて、設立地を清津、元山など現在の北朝鮮を想定したとしても、担当部署は何らかの理由を付けて即対応を避け、総督の交替をじっと待つこともあり得る。

話は少し変わる。役所内での葛藤と関係なく期成会の活動、すなわち、高等水産学校の設立にかかわる寄付金集めについて記す。咸鏡北道、咸鏡南道、江原道、慶尚北道《ケイショウホクドウ》、慶尚南道の東海地区期成会は、二五〇〇万円（注3）集める計画を立て、水揚げされたイワシ一樽から五〇銭徴収することとした（『二十五年史』）。つまり、五〇〇万樽（約五〇万トン 注4）から五〇銭ずつ集めるということだ。

昭和十五（一九四〇）年当時、朝鮮総督府管内のマイワシ漁獲量は九六万トン、その内実に九五万トン（九九％）が東海地区の五道の漁獲量だ（『朝鮮総督府統計年報』）。

これで、計算上イワシ漁獲量の約半分強で目標金額が集まるが、同じ一樽でも道によって価格に差異がある。魚油を採るイワシは、その脂の乗りに寄って一樽の値段が違うのだ。北に行くほど脂肪分が多く、相対的に南は少ない。その差を指数で表すと、北の咸鏡北道が八〇なら南の慶尚南道は五〇という違いが出るのだ。でも、漁業者は細かいことを言わない。それに、マイワシの生産額で言えば、慶尚北道と慶尚南道と慶尚は咸鏡北道を合わせても、咸鏡北道、咸鏡南道、江原道合計の五％ほどしかないので、言わばメインの咸鏡北南道と江原道の主導で募金計画が進められた。

一方、釜山地区では、先述の釜山水産株式会社社長香山源太郎が中心

注3　平成二十八（二〇一六）年現在に換算すると六五億円に相当する。ハガキの値段、昭和十二年～十七年二銭（週刊朝日編『値段の風俗史』一七五頁　昭和五十六年）、平成二十八年五二円で換算。

注4　一〇樽一トンで計算。

になって、平成二十八（二〇一六）年現在に換算すると三九億円相当の（注3）一五〇万円を寄付金で集めることにした。その内訳は、まず、率先して釜山水産株式会社が五〇万円応募、内地の朝鮮に関係する会社から六五万円の寄付の目途が立ち、残り三五万円の内一〇万円を林兼商店（後大洋漁業、現マルハ）にお願いに行ったところ、中部幾次郎代表が一〇万円では少ないだろう三五万円全額出すと言って寄付してくれた。その時、中部は「陸に居て仕事をする人は、ちびちび儲けるので、なかなか金が出しにくい。しかし私たちは一網で何一〇万円と揚がる事もある」といったエピソードがあるそうだ（『二十五年史』七頁）。これで、釜山地区で一五〇万円寄付金が集まることになった。

ところで、釜山地区が高等水産学校設立に一五〇万円寄付することを決めた年代がわからない。先述の税田の回想談だと、昭和十一年か十二年頃に釜山地区に期成会を結成したというのだから、仮に、期成会を十一年に結成したとすれば、寄付金の目標額を決め、関係会社などに主旨説明とお願い回りに半年以上要したはずだ。この釜山地区で寄付金の目途が立ったところで、総督府の殖産局は、当初描いていた釜山地区に高等水産学校を設置する計画に沿って動き出したそうだ（『二十五年史』）。

昭和十一年八月五日に、朝鮮総督は、日本海中心論の宇垣総督が辞任して後継に南次郎総督が就任している。これで、それまで宇垣総督による日本海中心論で高等水産学校の設立地で東海地区が有利だった条件が消えたわけだ。それでも、宇垣総督のブレーンだった鎌田の影響力が残っていただろうが、それも、南総督の次の計らいで外れる。

南総督は、鎌田に昭和十二（一九三七）年七月に出発して翌年帰国の日程で、シベリヤ経由でヨーロッパ、カナダ、アメリカを回って主に緬羊調査という遊学を命じている。この遊学を当の鎌田は、「朝鮮総督府としても、また日本政府としても全く先例のない一介の自由人『野の学者の官費外遊』が実現した」と延べている。(36) 帰国後の鎌田は、ヨーロッパ等の現地報告会などに追われ、それが一段落すると、終戦まで朝鮮殖産銀行の調査部に所属させた。(36) これで日本海中心論の鎌田も外れたことになる。

その後、動きやすくなった殖産局は、水産課の北野技師の尽力もあって、昭和十四年の夏、朝鮮総督府内に高等水産学校設立準備委員会を設けて、殖産局案を総督府内で協議して、「朝鮮総督府諸学校官制中改正案」の提出に漕ぎつけた。その一方で、高等水産学校設立期成会と連絡を取って敷地の確保、整備、校舎の建設を進めて行った。

このような経緯で釜山高等水産学校は設立へ漕ぎつけたのであって、単に「皇紀二千六百年祝賀記念事業」として設立されたものではない。ただ、設立案が通りやすい大義名分として便乗する形で「皇紀二千六百年祝賀記念」をとったことは否定できない。

先に提した「なぜ釜山か、なぜ昭和十六（一九四一）年か」という疑問の答え、すなわち第三の答は、これまで長々と述べたとおり、日本海中心論の宇垣政策と鎌田構想、それと実務を担当する殖産局との葛藤があり、力で抗しきれない殖産局が、雨が止むのを待つように宇垣と鎌田の退任の時期をじっと待っていたということだ。その是非は別にして、殖産局がトップの考えに従って清津か元山で宇垣時代に進めていれば、五～六年早く設立されていたのかもしれない。

ところで、国立公文書館デジタルアーカイブの中に、件名「朝鮮総督府諸学校官制中ヲ改正ス（学校新設等ノ為職員増減及国民学校制度実施ノ為規定整理）」行政文書、内閣・総理府、太政官、内閣関係、第六類、公文類聚に次いで、階層「公文類聚・第六十五編・昭和十六年・第四十五巻・官職四十二官制四十二（朝鮮総督府六）」と記されたものがある。その諸学校とは、左に並記した専門学校等七校、師範学校九校、女子師範学校二校で、主な改正は職員数の増減だ。但し、この年新設された釜山高等水産学校については、設置に伴う職員定数に加えて、新設するに当たっての必要性の説明文が付いている。

・京城法学専門学校
・京城医学専門学校
・京城高等工業学校
・京城鉱山専門学校
・水原高等農林学校
・京城高等商業学校
・釜山高等水産学校

・師範学校九校（京城・大邱《テグ》・平壌・全州《チョンジュ》・咸興《ハムフン》・光州《クァンジュ》・春川《チョンチュン》・晋川・清州）
・女子師範学校二校（京城・公州）

「第五　釜山高等水産学校ノ設置ニ伴フ職員増員説明」と題された釜山高等水産学校設立の必要性の説明文は左のカタカナ混じり文（傍線は筆者加筆）。

朝鮮は始政以来政治、経済、文化、商業等凡ユル部面ニ於テ飛躍的進展ヲ遂ゲ全然舊態ヲ一新シ殊ニ現時局下ニ於テハ大陸前進ノ兵站基地トシテ益々重要ナル役割と地位ヲ負荷セラレ水産業モ亦其ノ重要ナル一員ヲ分擔セリ卽チ近時半島ノ水産業ハ各部面ニ亘リ著シク勃興シ昭和十四年ノ水産額ハ漁撈、製造、養殖ヲ合セ三億二千萬圓ヲ突破セルガ将来益々斯業ノ拡充強化ヲ図リ国家生産力ノ増進ヲ企図シ更ニ大陸ニ於ケル斯業ノ開発ニ貢献スルハ兵站基地タル半島ノ使命ニ稽ヘ眞ニ刻下ノ要務タラザルベカラズ

然ルニ此等ノ事業ニ従事セシムベキ人的資源ノ養成機関タル半島水産教育ノ現状ハ甲種水産学校一校、乙種水産学校三校アルノミニシテ高級技術員ハ挙ゲテ内地ニ求メザルベカラザル現状ナリ一方内地ニ於テハ東京帝国大学、農林省水産講習所、函館高等水産学校各種ノ高級水産教育機関アルモ内地水産業ノ近時ノ殷賑ハ高等水産教育修了者ノ殆ド全部ヲ内地ニ吸収シテ尚足ラザル状態ニ在リ

茲ニ鑑ミ水産技術者養成施設ノ積極的拡充ヲ図リ以テ半島ノ特殊事情ニ即シタル人材ヲ養成シテ漁利ノ開発、水産業ノ振興ヲ図ルハ現下最緊要ノ事トス

仍テ昭和十六年度ニ於テ釜山ニ釜山高等水産学校ヲ設置シ漁撈、製造及養殖ノ三学科ヲ設ケ生徒定員漁撈学科一学年二十五人、製造学科第一学年二十五人、養殖学科一学年十人第一学年総定員六十人、修業年限各四箇年トシテ之ニ所要ノ職員ヲ配置シ以テ所期ノ目的ヲ達成セントス

この必要性の説明文を基に審査して設立の是非を決めたわけではない。だから、それほど重視することもないが、ただ、この短い文章の中に傍線の箇所にある大陸の兵站地の役割を謳っていることが注目される。これは、先述の鎌田構想のイワシをダイナマイトの原料に使うところと結びついているからだ。つまり、釜山高等水産学校の設立は、日本が満州を足掛かりに世界へ飛躍する足掛かりの一端ですよ、と言っているわけだ。このイワシと鎌田構想との結びつきは、これも第二章で説明する。

なお、入学資格、修業年限、学科数、学級数、生徒数、職員数については、この職員増員説明の添付説明資料にある次頁の表1のとおりである。当時の中学は修業年限五年（注5）で卒業だから、この表を見ると、函館高等水産学校は中学五年と高等学校三年を合わせて八年、水産講習所は中学四年以上修了で入学して四年学んで卒業だから八～九年、釜山高等水産学校は中学五年と高等教育の四年を合わせて九年になっている。つまり、中等

注5　旧制中学校の修業年限は、昭和十八年入学生から四年に短縮されたが、その前は五年だった。

表１　国立（官営）高等水産教育機関比較表

校名	入学資格	修業年限	学科数	学級数	生徒数	職員数								
						校（所）長	教授	生徒主事	技師	助教授	書記	助手	技手	生徒主事補
函館高等水産学校	中学卒業	3	3	9	245	1	22	1	0	13	7	2	2	1
農林省水産講習所	中学４年修了	4	3	12	341	1	30	1	4	23	7	0	0	0
釜山高等水産学校（完成年度）	中学卒業	4	3	12	240	1	17	1	1	12	2	0	0	0

拓務証管行 305 号「朝鮮総督府諸学校官制中改正ノ件」昭和 16 年３月 19 日
拓務大臣（秋田清）から内閣総理大臣（公爵　近衛文麿）宛提出添付資料より
（函館高等水産学校・水産講習所は昭和 14 年資料）

教育期間と高等教育期間を合わせると、釜山高等水産学校だけが九年で、他の二校は八年ということになる。これには次の経緯がある。

昭和十六（一九四一）年一月に、朝鮮総督府で高等水産学校の設立委員会を開催している。出席者は、農林省関係から水産講習所の杉浦保吉所長、田中耕之助及び松生義勝教授、文部省関係から東京帝国大学の雨宮育作教授、北海道帝国大学の高橋栄治教授、九州帝国大学の奥田譲教授、それに、朝鮮総督府内から京城帝国大学教授、各専門学校校長、朝鮮総督府から司会を務める穂積殖産局長をはじめとする関係者だった。田中耕之助の回想によると、この会議で入学資格と修業年限の問題が出て、農林省側は、水産講習所を基準に中学四年以上修了した者を入学させて四年間教育すると主張し、文部省側は中学卒業者（五年）を三年間教育すると主張した。この問題はその場で結論が出ず、結局、両者の意見を勘案して総督府が決めることにした。だからだろうか、中等教育期間を文部省側の意見に配慮して中学卒業（五年）とし、その一方で高等水産学校は、農林省側の意見にも配慮して修業年限の四年を採っている。その結果、函館高等水産学校が五年の中学卒に三年間の高等教育で都合八年、水産講習所が中学四年以上に高等教育四年の都合八～九年なのに対して、新設の釜山高等水産学校は中高で九年の修業年限になった。当時の帝国大学が旧制中学四年修了か五年卒業後に、旧制高等学校で三年学び帝国大学三年で学ぶ、合わせて都合一〇～一一年の修業年数だった。したがってそれより二年少ない水産講習所及び釜山高等水産学校は、専門学校と帝国大学の中間だという意識を持っていた。

もう一つ新設する学科で、農林省側と文部省側とで意見の食い違いがあった。それは、養殖科を生産部門に入れて、漁撈科と製造科の二科を考えていた農林省側に対して、文部省側は、朝鮮における水産教育は将来大陸で活躍する人材を育てる使命があるから、養殖科は独立させておくべきだと主張した。これも、最終的には総督府が養殖科を独立させ漁撈・製造・養殖科の三学科に決めて落ち着いている。

このように最終的には総督府が決めたわけだが、実は、この昭和十六年の「高等水産学校設立委員会」の二年前、すなわち昭和十四年に、朝鮮総督府で関係者を集めた「設立準備委員会」を開催して意見の集約を諮り、昭和十六年に高等水産学校創立を目指して十五年度の予算に学校建設準備費を計上している。この時点で既に総督府は、次項のエピソードにあるように、穂積殖産局長を中心に、農林省側の水産講習所方式で行く大枠を決めていた。そのため、その枠の中で文部省側の意見を採り入れたのだ。

この養殖科を漁撈科に入れる総督府の考えは、その根底で鎌田構想のダイナマイト生産につながっている。漁撈科すなわちイワシの漁獲、製造科すなわちイワシ油の製造でダイナマイトの原料グリセリンの生産に結びつく技術者を養成する学科構成で、総督府は釜山高等水産学校を考えていたのだ。また、新設校の教官の構成にもこの考えは見受けられる。それは、釜山高等水産学校の開校時の校長に、水産講習所から漁撈科教授の田中耕之助が、副校長に同所から製造科教授の松生義勝が就任したことに表れている。つまり、新設校は、イワシ漁獲の漁撈と魚油生産の製造に結びつく水産講習所の教授二人を軸に据える考えだったのだ。これも次のエピソードで述べるとおり、総督府の穂積殖産局長と水産講習所の杉浦所長との話し合いで決められている。それで先の設立委員会の委員に、杉浦所長は、田中と松生を推薦していたわけだ。

もう一つこのダイナマイト生産と釜山高等水産学校が結びつくことがある。それは、昭和十九(一九四四)年に建造された釜山高等水産学校の練習船初代耕洋丸に表れている。当時、ヨーロッパでは使われていた一艘施の巻《まき》き網漁船は日本にはまだなかった。練習船建造に当たっては、この一艘施漁船をヨーロッパまで行って調べて建造した。初代耕洋丸がイワシを獲る船型を採り入れていたことは、釜山高等水産学校がイワシ漁業と密接につながっての創設だったことの一端を物語っている。だが、実際は、戦火が激しくなりこの一艘施の最新練習船耕洋丸を使った試験操業はできなかった。この初代耕洋丸については第三章で詳しく説明する。

釜山に水産講習所

昭和三十七（一九六二）年に、元朝鮮総督府殖産局長で友邦協会（注6）理事長の穂積真六郎が（注7）、朝鮮史料研究会で二回に渡って講演した話を友邦協会の近藤釼一が、一九六八年に、『朝鮮水産の発達と日本』[73]というタイトルを付けて編集、出版している。本項は、その冊子の中にある「釜山高等水産学校設立の思い出」と題する穂積の話を基にした。なお、「　」内は原文引用、（　）内、傍線は著者加筆。

既に述べたとおり、釜山高等水産学校の設立当時、総督府の殖産局長を務めていたのは穂積真六郎（一九三二～一九四一年）だった。高等水産学校設立資金の寄付も集まり、関係者の合意も取り付けると、先生をどこから招聘するかという話になった。その先生招聘について、先の期成会づくりや寄付金集めに尽力して来た殖産局水産課の北野退蔵技師が、穂積の部屋に来て次のように主張したそうだ。

「高等水産（学校）は、水産業の実地を教える学校だ。朝鮮（の水産）は、今、実地を習得すべき段階にある。勿論、学理も必要だけれども、むずかしい学理は大学に水産部門が出来てからでよい。漁業の実地の知識を教えるのは、（文部省系の大学でなくて、農務省系の）水産講習所に限る。大学は、ややもすると理論に走り過ぎて実際に徹しない

注6　友邦協会、昭和二十五（一九五〇）年に、朝鮮統治時代の史実保存、関係文献資料の調査収集を目的に、穂積真六郎を理事長として創設された（一九五二年に財団認可）。その穂積が口述したものを編集した『朝鮮水産の発達と日本』（一九六八年、友邦シリーズ12号、友邦協会）があり、その中に「釜山高等水産学校設立の思い出」という項がある。

注7　穂積真六郎、大正三（一九一四）年以来、朝鮮総督府殖産局長、京城商工会議所会頭、京城電気株式会社社長、朝鮮引揚同胞世話会会長歴任など三二年間にわたって朝鮮で尽力する。「わが生涯を朝鮮に」（一九七四年、ゆまに書房）の著書あり。

傾きがある。今度の学校の先生方は水産講習所から招聘して下さい」

穂積は、生来、学閥が嫌いだったが、朝鮮の水産の発展を考えると、北野が言うとおり高等水産学校は実地を培うべき時代だ。それに、自分は（この年十一月に）退官することを決めている。大学と講習所から先生に来てもらった場合、創立間もない構内で学閥争いが起これば後任に苦労させ、新設学校の将来が心配される。ということで、講習所一本で固める決心をしたそうだ。なお、この穂積の談話で傍線の箇所は、第四章の渋沢栄一の項の「水産講習所の水講事件」で渋沢が主張した主旨と重なっている。

北野はもう一つ「（先生招聘で水産）講習所にいらっしたら学生監の松生（義勝）先生を必ず貰って来て下さい。むずかしい仕事ですが、（穂積殖産局長）あなたなら出来るでしょう（注8）。この（松生）先生が来るか否かが、この学校がうまく行くかどうかの分かれ目なのですから」と虫の良い注文を付けた（注9）。

穂積が東京の水産講習所へ行って、（杉浦保吉所長）校長に先生の人選をお願いすると喜んで受けていただけた。続けて、その中に松生義勝先生を入れてくださるようお願いすると「校長は苦渋の色を示して、『松生君は（水産）講習所になくてはならぬ人ですからあげられません』と言われる。私は『（水産）講習所は出来上がった学校で年も経ち、訓練も行き届いているからどなたでも指導出来るでしょうが、朝鮮は漁業の経験も浅く、実際の学校での訓練はこれから始まるのですから、指導者には優秀な方に来て頂く必要があり

注8　穂積真六郎の血筋の良さと肩書を指すのだろう。東京帝国大学を卒業。母方の祖父に日本を代表する実業家の渋沢栄一、父方の祖父に宇和島藩の国学者、父に英吉利法律学校（中央大学の前身）の創設者をもつ血筋。だから帝大を九番で卒業（一九一一年）したのでは穂積家として出来が悪い部類だった。

注9　田中耕之助は水産講習所漁撈科十四回卒業。・松生義勝は水産講習所製造科第十六回卒業（一九一三年）。・北野退蔵は水産講習所漁撈科十九回卒業（一九一六年）。

ます。日本が初めて統治府を置いた時、日本一の政治家伊藤（博文）公爵を統監にしたのでも御分りでしょう。そもそも初めが大事ですから、松生先生に是非来て頂きたいのです』と嘆願したら、『あなたはうまいことをおっしゃる、明日までよく考えて御返事します』」との返事で別れて翌日承諾してくださった。

釜山高等水産学校の開校は、昭和十六年四月だったので、穂積も現役の朝鮮総督府殖産局長として開校式に参列した。同年十一月に総督府を辞めたが、京城商工会議所や京城電気の仕事をやっていたので、その後、高等水産学校が順調に成長していることを知っていた。「只思いがけなくも、あの頑健な北野君が、終戦前に急逝された。私は御弔問に行って、朝鮮の水産業発達のために、一本気に強く生きられた氏の性格や、水産学校設立の際の問題などを回想して、万感胸に迫るものがあった」

「終戦の日が来た。日本人は悉く朝鮮から退去させられた（追記）。渾沌たる中に松生先生は学生を引き連れて下関に帰られた。そして（東京の）水産講習所と交渉して下関に講習所の分校を作られた。殆んどの引揚者が家をなくし、母校は消滅し、身一つで引き揚げた中に、母校と共に日本に移り得たのは他に例があるまい。全く松生先生の御蔭であると共に、北野君のあの時『松生先生だけは必ず貰って来て下さいよ』とつめよった顔を折に触れて思い出す」

この穂積が回想したエピソードにあるように、釜山高等水産学校は、北野の主張、尽力、それに応じた穂積の押と説得力が功を奏して、当時、東京にあった水産講習所の歳が離れた弟か、あるいは、息子のような同じDNAをもって創設されたわけだが、これは、さしずめ釜山水産講習所とも言える高等教育機関だった。

松生先生の要請は、別にもう一つあった。それは、釜山高等水産学校の初代校長を要請された水産講習所教授の田中耕之助が就任するに当たって「松生教授が協力してくれるなら赴任するという条件を出して了承されたから就任した」と田中の回想談にある。この田中教授が出した条件は、既に穂積が杉浦所長から松生教授の引き抜き交渉に成功した後のはずだ。そのことを田中教授は知らなかったのだろうが、ともかく、先の北野技師の要望と田中教授の条件付けから、当時、松生教授の人望がいかに厚かったかを窺い知ることが出来る。

なお、田中教授と松生教授の功績については、第三章以降に出て来るが、戦後、同校が釜山から下関に引き揚げ、現在、国内唯一の外地旧制専門学校として存続する水産大学校があるのは、確かに、田中、松生に依るところが大きい。つまり、北野技師、穂積殖産局長の連係プレーが現在も消えずに残っているということに他ならない。本章ではこのことだけを記して、続編は他章で紹介する。なお、不撓不屈の精神は宇垣総督の息吹だったと鎌田が評しているが、田中耕之助校長も釜山高等水産学校の精神として不撓不屈を唱えた。田中が宇垣を意識してのことだったのか、あるいは、感ずるところが一致していたのか。それはともかく、当時、朝鮮で何かを始めるには、強い意志と困難を克服する精神の不撓不屈が大切だったことは否めない。なお、この不撓不屈の言葉は、班固(三二～九二年)の撰による『漢書』叙伝七十下の八二にある。

追記　ここに出て来た北野退蔵は、大正五（一九一六）年に水産講習所を卒業している。この大正五年卒業ということは、後ほど第四章で述べる大正三（一九一四）年に、農林省所管の水産講習所を文部省に移管することに反対した学生が一斉退学して抵抗し、国の方針を覆した当時の学生だったのだ。つまり、水産の高等教育は水産講習所の実学方針であるべきだ、という信念の持ち主だったということだ。

この北野の水産教育に対する信念が上司の穂積局長を動かし、穂積は水産講習所の杉浦所長を動かし、田中と松生を獲得して釜山高等水産学校を創設させた。つまり、北野・穂積・杉浦・田中・松生のラインで釜山に水産講習所を創設し、後に戦後の新制大学制度でも農林省所管を貫いている。穂積局長は、先に述べたように、宇垣総督の日本海中心論の下での高等水産学校設立は清津あるいは元山になるので、それを避けて、結果的には上司の言うことを聞かず、この釜山高等水産学校の設立では部下の言うことを聞き入れている。これは誰にでもできることではない。また、終戦時に、穂積は、既に朝鮮総督府の役人ではなく京城電鉄の社長の身であったにもかかわらず、終戦直後に、引揚者の面倒を朝鮮総督府の役人だった人が見ないので、自分が責任者となって引揚者の面倒を見ている。

こういう役職の上下に囚われることなく臨機応変に正義を貫いた穂積真六郎の正義感は、渋沢栄一の長女の息子という血統と祖父が貫いてきた姿勢に大きな影響を受けているものと思われる。さ

46　らに、穂積の姿勢は、釜山高等水産学校の田中耕之助校長、松生義勝教頭にも影響しているものと思われる。

第二章　宇垣政策と鎌田構想とイワシ

第一章で、昭和十六（一九四一）年に高等水産学校が釜山に創設されるまでの経過を述べた。その中に、宇垣政策は、鎌田澤一郎（一八九四〜一九七九年）の書『朝鮮は起ち上る』(40)の中にある構想を基にしていると書いた。だが、そのことを理解するためには、もう少し具体的に宇垣政策と鎌田構想との関係を説明しなければ理解しにくいかと思う。また、鎌田が『朝鮮は起ち上る』の冒頭でイワシとダイナマイトを結びつけて述べているが、その後、鎌田の書にも宇垣の政策にもイワシのイの字も出て来ない。それも説明しなければならないかと思う。そこで、第二章は、宇垣政策と鎌田構想との関係と、その後のイワシの話を採り挙げる。

年齢的に親子ほどの開きがある宇垣総督と鎌田との結びつきを知るには、両者の人物像が鍵になる。宇垣一成（一八六八〜一九五六年）については、陸軍大臣・朝鮮総督など国の要職に就いているし、鎌田が書いた『宇垣一成』(37)や『松籟清談』(38)、インターネットのウィキペディアなどにも出ている言わば有名人だから、それなりにわかる。その点、相方の鎌田の人物像はわからない。筆者なりに時間をかけて調べたが、不思議なほどわからない。でも、本書は、その鎌田を調べることが主ではないので、宇垣との関係がある程度わかる範囲での人物像が推し描ければそれで良とした。その鎌田の人物像を見てみる。行きがかり上、第一章と重複する事項も出て来るがご容赦いただきたい。

鎌田澤一郎の人物像

鎌田は、『朝鮮は起ち上る』の他にも多くの著書を残しているが、筆者が調べた限りでは、それらの書に学歴や職歴などを全然書いてない。だから、生年と没年と徳島県出身のジャーナリストで歌人でもあったぐらいしかわからなかった。そこで、鎌田の著書や文献、それにインターネット上に出て来る鎌田に関係する情報を拾い集め、それを検証しながら人物像に迫ってみた。まず、鎌田に関する記録と宇垣とのかかわりがある事項で筆者が拾い出せたものを時系列で並べると次の履歴のようになる。これは言わば鎌田が残した足跡だから、ざっと目で追いかけていただくとそれなりに鎌田像が浮かんで来るかと思う。

なお、主なる出典になる鎌田の書ついてはカッコ書きで『朝鮮は起ち上る』[36]を（朝）、『羊』[39]を（羊）、『宇垣一成』を（宇）、『松籟清談』を（松）、『ゼントルマン勇気論』を（ゼ）と略述し、同じように、穂積真六郎の『わが生涯を朝鮮に』[72]を（穂）と略してそれぞれの出現頁数を付記した。

履歴

・一八九四年　明治二十七年に誕生。徳島県出身。
・一九二二年　この頃（二十八歳）、宇垣関連の文献・談話を集めて、宇垣研究開始（宇　三頁）
　　仕事の合間を見て朝鮮・支那問題研究に没頭（朝　七頁）
・一九二四～二七年　宇垣（一次）陸軍大臣、宇垣と鎌田の接触が始る（ゼ　二四六頁）
・一九二七年　斉藤實総督の出張留守中、半年足らず宇垣が臨時総督代理を務める
　　この間、宇垣に鎌田構想の伝授及び関連文献を紹介する

・一九二九〜三一年　宇垣政策の準備期間（穂　一二〇頁）
　宇垣（二次）陸軍大臣
・一九三一年　六月、朝鮮総督府六代目総督に宇垣一成就任（昭和六〜十一年）
　鎌田、宇垣総督の新任に同行し、釜山での宇垣声明文を草稿（ゼ　二三八頁）
　宇垣総督の側近（ブレーン）として、以降、二十余年仕える（松　七頁）
　終戦まで全羅南道及び総督府の顧問、高級嘱託（ゼ　二五六頁）
　九月十八日、満州事変（奉天の柳条湖で満鉄の線路爆破）
　鎌田は業務を打ち捨て、満州の現場へ馳せ参じ取材する（朝　八頁）
　日本軍の奮闘現場を目撃、関東軍幹部に面会取材
　張作霖の側近で元馬賊の馬占山《ばせんざん》と会見取材（朝　八頁）
・一九三七年　南次郎総督下で七月、民間人としてソ連を始め欧州視察旅行（ゼ　二四八頁）
・一九三八年　欧州より帰国、欧州事情の報告会（ゼ　二三七頁）、同執筆
　朝鮮殖産銀行調査部（高級嘱託）に就任（ゼ　二四四頁・二五四頁）
・一九四五年　終戦、朝鮮から引き揚げ、以降もジャーナリストとして執筆活動する
・一九七九年　死去（享年八十五）

著書歴

・一九三三年　『朝鮮は起ち上る』（千倉書房）
　『テクノクラシーと朝鮮資源の飛躍』（大坂屋書店）
・一九三四年　『羊』（大坂屋書店）副題「人生と緬羊・緬羊の飼い方・ホームスパンの織り方・日満羊を訪ねる旅」
　『満州移民の新しき道』（千倉書房）
・一九三五年　『朝鮮人移民問題の重大性』（京城日報社）
・一九三七年　『宇垣一成』（一九三七年、中央公論社）
・一九三八年　『動くソビエートロシア』（大陸経済研究所）
・一九四四年　『國體の本義と道義朝鮮』（京城日報社）
・一九五〇年　『朝鮮新話』（創元社）
・一九五一年　『松籟清談』（文藝春秋新社）
・一九五五年　『自由人・歌集』（川書房）
・一九六二年　「ゼントルマン勇気論　私と林繁蔵氏（共著）」（『林繁蔵回顧録』）
・一九六四年　「まさに大人の風格（共著）」（『池淵祥次郎追悼録』）
・一九六五年　『民族哀歌（歌集）』（新輯覇王樹叢書）。『自由人・歌集』（長谷川書房）
・一九六六年　『民族外交と民族経済の文化理念』（新樹社）

雑誌などへの執筆歴（国立国会図書館デジタルコレクションより）。

・一九三〇〜四三年、『朝鮮』（総督府発行）
・一九三二年「北満のある日」（詩と人生社）
・一九三四年「緬羊及緬羊事業研究」（朝鮮総督府）
「日満羊を尋ぬる旅」（朝鮮総督府）
「人口問題と北鮮開拓の意義」（朝鮮総督府）
・一九三五年「朝鮮景気物語」（実業之日本社）
「朝鮮移民問題の重大性」（朝鮮総督府）
「朝鮮風景礼賛」（朝鮮総督府）
「ホームスパン問題の重要性」（朝鮮農会）
・一九三六年「羊毛資源と社会政策」（朝鮮総督府）
・一九三七年「家庭を中心としての緬羊問題とホームスパンの考察」（朝鮮総督府）
・一九三八年「動くソビエートロシア」（朝鮮総督府）
・一九三九年「南欧ハンガリーと北欧フィンランドの両親日国家」（朝鮮総督府図書館）
「欧州畜産界の現状」（注1）（朝鮮総督府）
・一九三八年「欧州畜産界の現状（終）」（朝鮮総督府）

注1　三月、五月、六月、七月、八月、九月、十一月号に記述

・一九四一年　「南方共栄圏視察談」（朝鮮総督府図書館）
・一九四二年　「現地報告・朝鮮景気の実相」（実業之日本社）
　　　　　　　「北方経済と南方経済の交流」（実業之日本社）
　　　　　　　「東亜共栄圏の経済と民族」（日本青年協会）
・一九四三年　「緬羊物語」（実業之日本社）
　　　　　　　「大東亜開拓と南北経済の交流」（拓務評論社）
　　　　　　　「羊問題　羊と武士道」（朝鮮総督府）
・一九四四年　「（朝鮮事情紹介、半島出身産業戦士慰問、派遣員報告）蓬麻の中に生ずれば扶けなれど直し」（朝鮮総督府）
・一九五〇年　「南鮮の現実」（文芸春秋）
　　　　　　　「極東情勢の急変と日本の命運（座談会）」（文芸春秋）
　　　　　　　「金龍周公使大いに語る（対談）」（文芸春秋）
　　　　　　　「朝鮮戦線はどう進展するか」（実業之日本社）
　　　　　　　「戦う北線の内幕」（実業之日本社）
　　　　　　　「鴨緑江沿岸の戦略的価値」（実業之日本社）
　　　　　　　「恩賞に刎ね首」（世界社）
・一九五一年　「鶏林雑記・人参と妓生」（実業之日本社）

「鶏林雑記・燕山君と妓生」（実業之日本社）
「開城停戦勘定書」（実業之日本社）
「朝鮮の復興は可能か―停戦とその後に来るもの」（時事通信社）
「朝鮮問題と大阪財界―李承晩大統領相場を動かすか」（大阪証券取引所）
・一九五二年　「慟哭する山河」（新潮社）旅
「小林一三翁と朝鮮妓生―南風荘雑記」（大阪証券取引所）
「日本新軍備を語る（宇垣一成と対談）」（実業之日本社）
「朝鮮動乱は拡大するか」（経済往来社）
「（ルポ）甲斐の西山温泉」（新潮社）旅
「攻玉抄」（竹柏会）
・一九五三年　「李承晩という男」（実業之日本社）
「韓国は日本に対してどう出るか」（実業之日本社）
「三寒四温戦争と漂泊民族」（経済往来社）
「宇垣一成論」（経済往来社）
・一九五五年　「民族経済からみた南北朝鮮貿易の前途」（大阪商工会議所）
・一九五六年　「原子力時代に於ける日本と朝鮮問題」（長野県警察本部警務部教養課）
・一九三五～五三年　『実業の日本』

・一九四九〜七四年　『覇王樹』（短歌集）投稿・編集
・一九五〇年　『文芸春秋』
・一九五二〜五八年　『経済往来』
・一九五四年「弱体国日本と観念強国韓国」（東京だより社）
・一九五六年「原子力時代に於ける日本の民族経済と文化」（国民会館）
「原子力時代における日本茶道」（淡交社）
・一九五八年「動く世界と民族学（講演）」（蔵前工業会）
「民族史より見た朝鮮問題」（大陸問題研究所）
「現代民族論」（全国師友協会）
・一九五九年「夏の随筆―高原随想」（角川文化振興財団）短歌
・一九六八〜七四年　『実業の世界』
・一九六八年「民族の伝統を尊重せよ」（実業之世界社）
「アジア外交を考えるとき」（実業之世界社）
・一九七三年「この目この耳で確かめた韓国維新革命の実体」（実業之世界社）
「秘・金大中問題の真相はこうだ」（実業之世界社）
・一九七四年「金大中問題をめぐる韓国国会の真意」（実業之世界社）
「韓国大統領の緊急処置令とセマウル運動」（実業之世界社）

「あわてなさんな！」（実業之世界社）絶筆か。

鎌田は、昭和八（一九三三）年に出版した書「朝鮮は起ち上る」に、「十年近く業務の合間を割いて朝鮮と支那の問題研究に没頭していた。時間と金の余裕が少しでもできると、満州や朝鮮の野を放浪して何かを究めようと努力を続けていた。これは、政府の命令でもなければ、だれかに頼まれたわけでもない」と書いている（朝 七頁）。このことから読み取ると、今で言うフリージャーナリスト的な人物像が浮かんで来る。また、本来の総督府等の顧問、高級嘱託をずっと兼任したまま終戦に入ったとある（ゼ 二五六頁）。このこと辺りがインターネットで京城日報の嘱託とされている源かと思う。

ともかく、鎌田は、大正十二（一九二三）年、二十八歳頃に朝鮮の研究を個人プレーとして始めていた。鎌田が宇垣に敬服して宇垣研究を始めた時のことは、『宇垣一成』（序 三頁）で次のとおり述べている（原文、傍線筆者加筆）。

「余は宇垣氏が、将来日本の逸材たるべき頭角をやうやく現はし初めた頃より、異常なる彼の人物に興味を持ち、彼をめぐる将星、或ひは政界の接触面に多数の知己を持つことを幸とし、ひそかに彼に関する文献、談話等を集輯し、或ひは進んで宇垣其人に接触し、深くその表裏を究め、功罪を検討する等、宇垣研究を始めてよりまさに十五年、今こそ真の宇垣をこの世の中に浮彫りすべき絶好の歴史的機会を得たことを切に喜び、筆硯を清めてこの一書を纏め上げたのである」。

この鎌田が書いた『宇垣一成』が出版されたのは昭和十二（一九三七）年二月だから、ここから逆算すると、鎌田は、大正十一（一九二二）年頃から宇垣の研究を始め、宇垣とつながりが出来たのはこれ以降ということになる。なお、宇垣は、大正十二年に陸軍次官、翌十三年に陸軍大臣に就任しているから、鎌田が言う頭角を現した年代は、おそらく、この頃を指しているのだろう。

もう一つ、昭和二十六（一九五一）年に出版された鎌田が書いた『松籟清談』は、宇垣の口述を鎌田が記述したという形式をとっているが、その宇垣の口述内容の説明の一節に次の記述がある（原文、傍線筆者加筆）。

「（鎌田が宇垣の）側近二十余年の永い間、今は遥かなる京城の地に於いて記録しておいたものもあれば、又旅をともにし乍ら、旅舎で語られたことをメモしておいたものもある」（七頁）これも逆算すると、側近として仕え始めたのは、昭和六（一九三一）年の宇垣が朝鮮総督に就任した年になる。

以上のことから、まず、鎌田の朝鮮研究は、朝鮮の各地を訪ねる現場重視の姿勢で挑んでいたこと、また、業務の合間を利用しての朝鮮研究だから、一九二三年頃は、内地でなく朝鮮に住んでいたことがわかる。では、業務の合間を利用したという業務は、具体的にどんな職業だったのだろうか。もちろん、まだ宇垣の側近ではない。

鎌田の従事した業務は、ネットへの書き込みも含めると、次の職業が挙げられている。宇垣一成総督の側近・秘書・政策顧問、ジャーナリスト、京城日報嘱託、同社長、朝鮮研究家、（朝鮮）民族経済文化研究所の設立者、朝鮮緬羊協会理事、朝鮮の農村振興運動の貢献者、歌人、さらに、戦後、韓国の朴正煕大統領が執った政策のセマウル運動（新しい農村運動）で何度もアドバイスを求められ、それに応じたなどとある。この中で、側近や秘書は、おそらく宇垣が総督に就いた昭和六（一九三一）年以降だろうから、それ以前では、前掲の諸職業に照らして見て、ジャーナリストで朝鮮総督府の広報紙『京城日報』の嘱託記者に該当すると考えて大きな間違いはなさそうだ。

筆者は、初めて『朝鮮は起ち上る』を読んだとき、鎌田が工学、化学、農学など幅広い分野に精通した博識者であることと、理に富んだ記述で造詣の深さから出て来る発想に感心させられて、てっきり理系の技術家かと思った。ところが、鎌田の他の著書を読むと、鎌田自身が、自分は産業技師ではない（朝 二九九頁）、また、緬羊についての専門家でもなく技術家でもない、牧畜については全くの素人だ（羊 四三三頁）と書いていることから理系の技術家は否定された。だが、鎌田は広い分野にわたる知識をもっているが、それをどうやって身に着けたのか、専門分野もわからない。ましてや、水産資源や海へ関心を持った経緯などもわからない。ともかく、鎌田についてはわからないことが多い。

それでも、これまで鎌田について列記して来たことを、ジグソーパズルのピースと見立てて張り付けて行くと、ピースの数が欠けていても、おぼろげながら鎌田の人物像が次のように見えて来た。

鎌田は、朝鮮でまず京城日報の嘱託記者になり、朝鮮の各地を取材で回ることで多くの情報を入手できた。その結果、朝鮮に潜在している資源、労働力が豊かなことを知り、記者仕事の合間に、自分の足で関連する現場を踏査し、自分の目で確認して見識を深めて行った。だが、それらの見識を実際に朝鮮の地で活用するには、自分だけの力ではどうにもならない。治政者の力が要る。そうかと言って、朝鮮総督が誰でもいいというわけにはいかない。それなりの才能を有する逸材が要る。鎌田は、総督人事に関して持ち合わせている情報を基に判断した結果、適任総督は宇垣一成を置いて外にいないと考えた。だから同時に宇垣の人となりなど研究しながら、宇垣が朝鮮総督に就任するのを待った。

一九二七年に、宇垣が総督代理を務めたときから鎌田は積極的に宇垣に接近して、機会をとらえ朝鮮が起ち上がるための産業振興、それが満州への兵站として欠かせないことを進言した。

一方、総督代理に就いた宇垣は、『宇垣一成』（三六〇頁）にあるように、朝鮮の産業政策に関する文献を各種読破していった。宇垣が鎌田と関係なく同じ文献を二人が別々に読んだとは考えにくい。むしろ、鎌田が「総督この文献に目を通されませんか」、宇垣「鎌田君読んだよ」などのやりとりの中で、鎌田が総督代理に文献を紹介し、それを宇垣が読んだと理解した方が自然である。それも、長年、朝鮮研究をして来た鎌田が、自分の考えと共に提供したはずだ。つまり、鎌田が宇垣に、朝鮮の産業開発とそれが満蒙への発展の足掛かりになることを織り込んだ情報提供をしていたということだ。この文献などの資料提供などで、宇垣は、鎌田の期待通り、鎌田が提供した関連文献を読み漁り、鎌田構想に共鳴して行った。そういう下地をもっていた宇垣は、一九三一年に六代目の総督として就任すると、短期間の内に鎌田構想をベースにした宇垣政策を打ち出した。

この辺の経緯に関連して、宇垣総督の下で殖産局長を務めた穂積真六郎が、回顧録『わが生涯を朝鮮に』[72]で次のように述べている。

半年ばかり齋藤實総督の代理を務めた時の宇垣は、自分の意見を主張することなく、ただ綿密に朝鮮の諸事情を観察されていた。その宇垣が総督として就任すると、朝鮮産業を近代的に改編するための具体的な基盤づくりの大方針を立てて直ちに実行に移された。考えてみると、宇垣の総督代理の期間は朝鮮産業近代化の準備期間だったのだ。

また、『宇垣一成』の中で、鎌田が宇垣から聞いた話として扱った記述がある。だが、その中に、当の鎌田も宇垣と一緒に現場にいなければ書けないのではないかと思える描写が散在する。その例を挙げると、宇垣総督は、百姓家の老翁や老媼などと気さくに話すのが好きだった。通訳付きだがと但し書きを付けて、相手は総督とも知らず小作料や食糧の窮状などの世間話もしたそうだ。その後、総督だとわかると、大人は子どもたちに、総督に訊ねられたらこう答えろ、とあらかじめ返答を教え込んでいることもあったそうだ。ところが、宇垣の質問にはその場その場で意表外なものもあり、そのために、子どもたちが答えに窮し、大人がロボット的教育をしたことが暴露されて、関連者がたしなめられたことも時々あったそうだ（五七頁）。また、宇垣が村はずれで乞食の子どもを見つけての問答の記述に「（宇垣）この寒いのに素足でどこへゆく」「（乞食）町へ屑物を拾ひに行くんだ」「（宇垣）そんなことをしなくとも、村で仕事が何かありさうなものでないか」「（乞食）仕事どころか食うものがない」（八九頁）といった臨場感あふれるやり取りの描写も鎌田が宇垣と現場に一緒にいて通訳でもした時の話ではないかと思わせられる。

このように、鎌田が宇垣と行動を共にしていたと思われることと、先に鎌田が宇垣と旅を共にしたと言う記述もあったことなどを考え合わせると、鎌田は、宇垣が総督に就任するとすぐ総督府広報紙の京城日報の記者、それも宇垣に密着して取材するいわゆる番記者として、また、ブレーン的側近として活動し始めた。宇垣も鎌田の卓抜した構想と現地の情報を提供してくれることを高く評価し二人の信頼関係は深まって行った。

また、鎌田は、満州事変が起きると、業務をほったらかして満州へ馳せ参じ、戦場にも踏み込み、関東軍の幹部からの取材や、その敵方の馬占山と会って意見交換までしている（朝　八頁）。馬占山は、馬賊から中華民国の軍人（黒竜江省政府主席代理）になって関東軍と戦っていた人物だ。しかも、鎌田は馬占山とのツーショットの写真（写真2）も撮って、情報の確かさを裏付けている。

写真2　鎌田澤一郎（右）と馬占山
（鎌田澤一郎著『羊』より転載　写真解説に「英雄馬占山が世界的人気を浴びて北満の舞台に登場の際　チチハル黒竜江省城にて会見……」とある）

鎌田が本来の業務を離れての現場行きの行動は、利益や下心あってのことではない。それどころか、かなり負担になる経費も自腹を切って出かけたのだ。それでも、友人などから意味のない活動だと誹謗もされた（朝　九頁）、と言ったことを述べている。

だが、満州で起きた現場の情報は、満州を視野に入れていた宇垣総督が欲しいはずの情報だ。その情報を鎌田が持ち帰ったことで、宇垣総督の鎌田への信頼度はより高まったはずだ。また、この満州事変直後に鎌田がとった満州行きの行動は、宇垣からの指示があったたか、少なくとも宇垣が承知の上での行動だったと考えた方がよさそうだ。

以上推察した鎌田の人物像を要約すると次のようになる。鎌田澤次郎は、大正十一（一九二二）年、二十八歳の時に京城日報の嘱託記者になる。と、同時に、宇垣一成の政治的才能に強く惹かれた。記者活動と並行して、朝鮮及び支那に関する情報を積極的に集めるなど人一倍の行動力と探求心を有する記者であった。

昭和二（一九二七）年、齋藤實総督が留守した半年間、宇垣が総督代理として就任すると、鎌田は、それまで調べて来た朝鮮に関する結果と、それを基にした構想も含めて宇垣総督代理に情報提供する。宇垣は、宇垣で機会をとらえて、朝鮮の現地視察で鎌田情報の確認をする。昭和六年（一九三一）年、宇垣が六代目総督に就任すると、京城日報の鎌田は、宇垣総督に密着した番記者として、また、側近として行動を共にした。その間、鎌田は、宇垣政策に直結する情報を提供し続けてブレーン的存在となる。

昭和十二（一九三七）年に、朝鮮総督府が宇垣から南次郎に替わると、南は鎌田を避けた。おそらく、南としては前任のブレーンを継続して使うことは、南のオリジナル色が出せないという総督としてのプライドも関わっているかと思われる。そんなこともあって、鎌田は朝鮮総督府とのかかわりが薄れて行った。鎌田としては、宇垣が総裁になることに期待をかけていたが、陸軍出身の宇垣が、その陸軍の反対で宇垣総理は流産となりかなわなかった。でも、宇垣と鎌田の関係は終戦後も続き、ジャーナリストの鎌田は、宇垣に関する書を世に出して来た。

以上の鎌田に関する推察はともかく、鎌田は『朝鮮は起ち上る』で、産業開発政治と名付けられる宇垣新総督が執った朝鮮に対する治政方針は、自分が書いた構想と多くの相関性をもっている（朝 一二六頁）、と述べている。つまり、鎌田の構想と宇垣の政策が重なる部分が多いということだ。これは、鎌田が宇垣に接近して機会あるごとに自分の構想を進言して、それを宇垣が納得して採り上げれば、鎌田構想と宇垣政策が重なって来るのは当然である。

なお、鎌田の職歴についてわからない部分が多いが、そんな中でネット上に京城日報の社長という記述がみられる。しかし、嚴基權の学位論文（「『京城日報』における日本語文学」[49]）に出ている大正三（一九一四）年から昭和十九年までの京城日報歴代社長の中に鎌田の名は出ていない。ただし、この嚴の資料では肝心の昭和四年から七年までの間の社長名が欠落している。その欠落年間の社長について筆者が調べた限りでは、大正十三（一九二四）年に鉄道大臣を務めたこともある小松謙次郎（一八六四～一九六二年）が、昭和七（一九三二）年に時の総督宇垣一成からの要請で社長に就任して、同年十月に亡くなっている。昭和八年には福岡市長を退いた時実秋穂が就任している。ただし、就任した月はわからない。

そうすると、鎌田が社長に就任したとすれば、昭和四年から六年までの間か、小松が亡くなった昭和七年の十月以降、時実が就任する昭和八年までの間しかない。京城日報の任命と運営には総督府が主導権を持っていたそうだから、昭和六年に宇垣が総督に就任する前に鎌田が社長に着いたことは考えにくい。それに、宇垣が総督に就任した昭和六年は、前述の通り満州事変が興きて鎌田はそちらの方の取材に出かけている。社長自ら出かけることもないだろう。そう考えると、もし本当に鎌田が京城日報の社長に就いていたのであれば、小松が就任する前か、時実が就任する前かの一年にもならない極短期間のワンポイント中継ぎしかない。ただ、京城日報の歴代社長の肩書と年齢を比較すると、宇垣総督が任命権を持っていたと言っても、若き一ジャーナリストの鎌田が京城日報の社長になったとは考えにくい。

ともかく、鎌田を一言で評すると、人一倍優れた探求心と企画能力をもつ野心家と言えよう。その鎌田の構想を基に宇垣は政策を立てたわけだが、その辺の説明を次項でする。

しかし、鎌田と宇垣総督とのつながりなど肝心なところになると、宇垣が朝鮮総督を務めたときに緬羊に関する知識などを通じて鎌田と親しくなったとの記述があるぐらいで、それ以上具体的な記述はない。

宇垣政策と鎌田構想

次に宇垣政策と鎌田構想の結びつきについて検証する。用いた主要資料は、宇垣政策は『宇垣一成』（一九三七年）で、鎌田構想は『朝鮮は起ち上る』（一九三三年）。この両書を補足する書として、宇垣政策には『松籟清談』（一九五一年）、鎌田構想には『羊』（一九三四年）を使った。これら四書とも鎌田が執筆している。宇垣自身は書を執筆していない。

鎌田構想が記載されている『朝鮮は起ち上る』の発行は昭和八（一九三三）年で、宇垣が朝鮮総督在任中だが、宇垣政策が記載されている『宇垣一成』の発行は昭和十二（一九三七）年で宇垣が総督を辞任した翌年になる。『羊』は、『朝鮮は起ち上る』の中で特に反響が大きかった緬羊について詳細に説明した書で、『朝鮮は起ち上る』を出版した翌年の昭和九（一九三四）年に発行されている。その『羊』の序文に、宇垣総督が鎌田を『朝鮮は起ち上る』を執筆した熱誠真摯な研究心を有する士と書いている。だから『朝鮮は起ち上る』は、宇垣総督も承知していたことになる。

『松籟清談』は、鎌田が宇垣の側近として仕えた二十余年の間に直接宇垣から聞いた話の記録と、戦後の昭和二十五年頃から宇垣が住む伊豆長岡の松籟荘で聞いた話を基に年代や数字などを検証して口述談として鎌田がまとめた戦後の書と鎌田が言う。だからか、この『松籟清談』には『宇垣一成』と重複する文章も出て来る。それはそうとして、二人の信頼関係から見て鎌田執筆の『宇垣一成』発行も宇垣は、間違いなく承知していたはずだ。

前置が長くなったが、宇垣が第六代目総督に就任した時の声明書を鎌田は、『朝鮮は起ち上る』で全文転載している（朝 三〇頁）。なぜ声明書の全文を載せたのか、鎌田は、宇垣総督が就任後一年半ほどの間に出した産業開発の実績に照らしてみると、声明書に爽快さが感じ取れるからだという。また、鎌田は、「何が故に朝鮮が産業的に起ち上らんとするかについて究明がたまたま宇垣政治の素因に負うところあるべきを発見して、これを略叙したのに止まるのである。（朝 三三頁原文）」とも述べている。つまり、朝鮮の産業振興策について、鎌田がこれまで研究して築いた構想と宇垣の考えが重なり、しかも宇垣が実績として形に表したことに対する喜びの表現と受け止めよい。

ここで鎌田は「たまたま」二人の考えが重なったとしているが、これは「たまたま」という偶然ではなく、宇垣政策は、事前に鎌田から情報提供を受けて、それを基に打ち出したのだから必然的に重なったものを鎌田が遠慮がちに述べたに過ぎない。鎌田としては、親子ほどの年齢差（二十六歳）がある宇垣が、鎌田構想を基にして打ち出した政策を施行した結果、出て来た実績だから喜びもより大きかったのであろう。

たびたび繰り返すが、この宇垣が就任当初から産業開発政策に取り組めたのは、その前の齋藤實総督の時に宇垣が総督代理を務め、その総督代理の期間に鎌田から朝鮮の産業開発に関する構想及び文献も含めた情報提供を受けていた。宇垣は、それらを読み、理解し、賛同し、関係する現地を訪ね、それらから得た成果を政策として活かした。だから、宇垣政策と鎌田構想は重なるのだ。

それでは、宇垣政策と鎌田構想との重なりを具体的に見てみよう。鎌田は『宇垣一成』で、宇垣が執った政策を具体的に五〇の小項目で示し、その小項目を整理統合して一一の大項目にまとめ、それを宇垣の十大政策と表現している。一一項目あるのに十一大政策でなく、なぜ十大政策かと首をかしげさせられるが、十大は重大の意も含ませたものかと思うに留め、それ以上言及しない。もっとも、この一一項目の中で、二、三、四は、北部朝鮮という地域開発で、五、六、七は農村振興で一括出来なくもないが、それはともかく、十大政策と称される一一の大項目を次に示した。（　）内は統合されたと思える小項目を示す。なお、日本海中心論については第一章で既に概略述べた。

宇垣総督が執った十大政策（カッコ内は小政策項目）

一、産金奨励（特殊鉱物の採掘）
二、電気統制及合同（電気統制、電気の合同）
三、工場誘致
四、北鮮開拓（火田民）
五、棉作の奨励
六、緬羊飼育の創設（緬羊飼育の奨励）
七、自力更生、農村振興（自力更生運動、農山漁村振興運動、田作の増収奨励、自作農の創定及維持、小作立法、心田開発）
八、精神作興運動
九、教育制度の改革（学校に於ける職業教育の徹底、授業料の減額、簡易学校の設立、中学及高普学校の抑制、実業学校の奨励及充実）
十、文化政策の徹底

十一、対満移民方策の確立

では、具体的に鎌田の書『朝鮮は起ち上る』にある鎌田構想と、同じ鎌田が書いた『宇垣一成』の中にある宇垣政策との重なりを見る。つまり、宇垣政策が鎌田構想を基にしてつくられた具体的事例として、一の「産金奨励」、二の「電気統制」、四の「北鮮開拓」、五の「棉作奨励」、六の「緬羊飼育」を採り上げる。手順としては、宇垣政策を簡単に紹介して、それに関連する鎌田構想を示す方法を採る。

・軍備策と産業振興策

鎌田の満州に関する考えの大筋は次のとおり。日本は満州国を建国し、これから世界へ向けて発展して行く足がかりをつくったが、それだけに国民への負担も大きくなる。その一方で、日本に対する世界の空気は反日へと傾いている。さらに、満州国は今後の経済発展の可能性にしても埋蔵している鉱物資源にしても未知数の事項が多い。だから期待が大きい半面リスクも大きく、いきなりそんな満州の開発に取り組んでも、結果が吉と出るか凶と出るかわからない。その点、朝鮮は経済発展の基盤はあるし、天然資源も豊かだから満州の開発に取り掛かる前に朝鮮の開発を先行すべきだ。朝鮮は満州発展の絶好の足場になる。そのためにも内地の資本家が朝鮮開発へ投資することが、満州進出への一段階になる。これは国策として極めて妥当な考えだとしている。

鎌田はこの『朝鮮は起ち上る』の中で、特別誰かに頼まれたわけではないが、一〇年ほどかけて現在の韓国、北朝鮮、中国の研究に没頭し、時間を見ては現地を訪ねたと書いている。そんな現場から得た豊富な知識を基に判断しても日本は断じて国際連盟から脱退してはいけないと忠告していたが、これは間に合わなかった。本書が発行された昭和八（一九三三）年には、国際連盟で満州から日本軍が撤退することが可決され、これを機に、日本は、既に国際連盟から脱退していた。だから、日本としては満州進出を手放しませんよ、と世界に意思表示をする前後の状況下で鎌田が書いたことを念頭に置いて、『朝鮮は起ち上る』を読むべきである。

この鎌田の書には「中満蒙問題は、過去、現在、及将来を貫いてあらゆる意味において我大和民族の生命を支配する重大問題」（七頁）、「我国自給自足の上と、満州進出の絶好の足場」（三六頁）「朝鮮を再認識し、満州進出の一段階」（四〇頁）などの記述があり、また、鎌田の構想には全て有事に備えて功を奏する旨の記述を添えられている。すなわち、一貫して戦争に備えての必要性を論じる軍備と、それに並行して朝鮮の産業振興に結びつく二本立ての目的をもった構想になっているのだ。これは、おそらく当時の国状を考慮して、鎌田構想が大日本帝国の方針に沿った有事軍備色か、朝鮮の産業開発を目的にした朝鮮振興色か明確にしないで、わざわざ、どちらが本命かわかり難くしているのかもしれない。

言い換えると、満州国の建国を足掛かりに次への展開を目指していた当時の状況下では、おそらく軸足を戦争に備えた構想がないと受け入れられなかっただろうから、内地の大和民族のために朝鮮を足場にして満州の開発を目指す軍備策と、朝鮮を日本から切り離した独立国と見立てての朝鮮の産業振興策か、この両者を兼ねているのか、鎌田の構想の真意は読み取りにくくなっている。

ところで、我々が通常着る衣服の中に、表と裏の色や模様を違えてどちらを外に出して着ても構わないリバーシブルという服がある。鎌田の『朝鮮は起ち上る』の中にある構想は、このリバーシブルを思い起こすと理解しやすいかと思う。一面は満州問題に対応できる日本の軍備策（色）、もう一面は朝鮮の産業発展を期した振興策（色）、これを鎌田はケースバイケースで使い分ける。考えてみると、ジキル博士とハイド氏、ポジとネガ、喜と怒、哀と楽などなど世の中二面性で捉えた方がわかりやすいのかもしれない。ただ、蛇足を付け加えておくと、イソップ物語に出て来るコウモリが、自分は鳥だと言ったり獣だと言ったり使い分ける日和見主義をとって、結局、どちらからも相手にされない寓話もあるのでリバーシブル的な構想も注意を要するかと思う。

・産金奨励策

宇垣総督は、産業開発政策の第一着として、昭和七（一九三二）年に金探鉱奨励金交付規則を発令した。この金鉱石の生産に関して、鎌田は、『朝鮮は起ち上る』で次のような論調で述べている（五二・二八一頁）。「現在、金《きん》を持っていれば外国から必要な物資を購入することが出来る。将来、金に対する考えが変わって金が使えなくなる時代が来るかもしれないが、それまで金が世界の経済を動かす力であることには間違いない。一般的に、生産物は、その物によって生産過剰になることもあるが、金に限ってそれはない。だから、金は、より多く生産されるに越したこと

注2　昭和六年八ガキ一銭五厘（『一九八一年値段風俗史』朝日新聞社）、現在、五二円（平成二十九年六月から六二円）。倍率三万五千倍弱。この率で計算すると三五〇兆円。

はない。その金が朝鮮には地下深くに宝庫として百億円（現在換算三五〇兆円弱　注2）ぐらい埋蔵していると推量できるのだ。ただ、これまで採掘技術が幼稚で地表近くだけを掘っていたから、生産量も上がらなかったのだ。だが、これから進んだ技術を導入すれば地下の深部まで掘れるから、朝鮮の金資源は世界有数の量になる。だから、この埋蔵している金資源をそのままほったらかにしておく手はない」

この鎌田構想を受けた形で、宇垣総督は金百億円生産計画を打ちだした。この件について、穂積真六郎が『わが生涯を朝鮮に』(72)で、現場担当の技師は不可能と判断したが、現実は、新機器、新技術で生産量は計画に沿うように増えたと書いている。このことについては、第一章でも触れた。

ここでは、現場担当の殖産局技術者の対応の鈍さと、鎌田構想の優れた洞察力と高い見識、それを受け入れた宇垣総督の行動の速さと的確な判断力が目立っている。と同時に、この金の生産に関して宇垣政策と鎌田構想が重なっていることがわかる。

また、鎌田の『朝鮮は起ち上る』に出て来る朝鮮の金の生産に関する記述の中に次の三つの話がある。三韓征伐に出かけた神功皇后が朝鮮は金銀を産する国だと言って金銀を持ち帰った話、加藤清正が咸鏡南道の端川郡検徳鉱山の金銀を精錬して豊臣秀吉に献じた話、朝鮮では李朝の初めの世宗時代には、明へ産物として金銀を献上しなければならなかったので、それを免れるために、金銀鉱の開発を禁止した話、これらの話は、『宇垣一成』にも全く同じ文章で出て来る。

もう一つ、ある男が廃鉱となった金山を盗掘したとして捕まった。盗掘の証拠品として男が持っていた拳大の大きさで高品位の金鉱石が出されたが、廃鉱の持ち主は、そんな高品位の金鉱石が出るはずがないと証言した。だが現場検証の結果、その廃鉱からの盗掘だとわかり、それで廃鉱とされていた金山に高品位の金鉱脈があったことがわかったという話も同じだ。

その他では、『朝鮮は起ち上る』には出てこないが、『宇垣一成』に金を掘り当てた個人の話が出ている。一人の工夫が大富豪になった話、地方新聞の支局長が新聞社を辞めて金の採掘に転じ、それが当たって資産家となり大新聞の社長になった話、井戸を掘っていて砂金層を掘り当てた話、キジを撃ちに行った猟師が誤って渓谷に落ち、そこで金鉱脈の露頭部を発見した話などがそれだ。だが、これらの話は、政務に忙しい総督の宇垣が、現地に行って聞いた話というより、京城日報の記者の鎌田が現場に行って聞いた話を宇垣に話すとともに『宇垣一成』にも書いたと理解した方が自然だろう。ともかく、繰り返すが、宇垣政策が鎌田構想を基にした産金奨励策であることは間違いない。

・電気統制策

宇垣総督は、一層の朝鮮工業発展を目指す産業開発政策として電力の統制を実践している。この電力に関する鎌田の構想は、朝鮮では多くの河川が黄海に緩やかに流れ出ているが、鴨緑江水系をはじめ、これらの河川にダムを造って貯水して、黄海とは反対側の日本海側へ流れるようにすると落差が大きいので水力を使って発電がつくれる。その一方、豊富な埋蔵量を誇る無煙炭と有煙炭を使って火力発電もできる。これら水力と火力を利用すれば、朝鮮の電力は無尽蔵だ。だが、その電力を個別企業が自由に販売していたのでは発展性はない。だから、国家的統制の下に組織的な政策を執るべきだという構想を『朝鮮は起ち上る』で提示している。

　このダムの建設とそこから得た電気を使ってアンモニアを合成する等の化学工業は、既に、野口遵《したがう》（一八七三～一九四四年）が朝鮮へ進出して実践していた。野口は、一九二一年にルイギ・カザレーからカザレー式アンモニア合成法（注3）の特許を取得し、大正十一（一九二二）年に宮崎県の五ヶ瀬川に水力発電所を建設して、翌年にその電力を使って延岡で合成アンモニアの生産を始めた実績を持っていた。これが現在の旭化成・日本窒素の誕生である。

　朝鮮における野口は、大正十五（一九二六）年に、それまで緩やかに黄海へ流れていた鴨緑江（注4）支流の赴戦江《ふせんこう》にダムをつくり、落差が大きい日本海側へ流して水力発電所を昭和五（一九三〇）年に完成させている。そこで発電された電気は日本海側の興南にある朝鮮窒素肥料株式会社の化学工場に送られて、アンモニアを合成する動力として使われていた。

　なお、その後も野口は、鴨緑江水系に二つダムを造り水力発電所を設けた。一つは長津江《ちょうしんこう》で、昭和九（一九三四）年～昭和十三（一九三八）年に平壌まで約二〇〇キロの距離を送電し、もう一つは虚川江《きょせんこう》で、昭和十二（一九三七）年～昭和十八（一九四三）年に興南工場と清津の一般向けに送電している（寺沢安正 62）。

　鎌田の『朝鮮は起ち上る』（初版）は、昭和七（一九三二）年だからそ

注3　ルイギ・カザレー（Luigi Casale 一八八三～一九二七年）、イタリア人。電気を使って水と空気からアンモニアを合成する。

注4　水源を標高二七四四～五〇〇メートル（活火山で隆起中）の白頭山に発し中華人民共和国（中国）と朝鮮民主主義人民共和国（北朝鮮）との国境を黄海へ向かって流れる全長七九〇キロの大河川。

こにある構想は野口が大正十三（一九二四）年に朝鮮へ進出して朝鮮での水力発電が工業化発展に結びつく実績を残した後になる。また、宇垣一成は、野口がダムを完成させる実績を出した翌年の昭和六（一九三一）年から同十一（一九三六）年までの間、総督に就任している。だから、鎌田が「朝鮮の片田舎興南の地に、平時は巨額の窒素肥料を製造していざ有事といふ際には、全工場は命令一下火薬製造工場に転身し、国軍の消費する火薬の原料をいくらでも供給しようといふ膨大な会社が存在する。その名を朝鮮窒素肥料会社と称し、その原動力は、即ち水力電気である」（朝　一七八頁）と書いているとおり、朝鮮における電力開発に関する鎌田の構想は野口の実績を基にしたものであり、宇垣の政策は、野口の実績と鎌田の構想を受けたものである。

鎌田の火薬についての説明は次のとおり。火薬は燃えるものと燃やすものを一緒にしたものだ。燃えるものとしては硫黄・グリセリン・炭などであり、燃やすものとしては硝酸系統の生産物だ。グリセリンは資源に恵まれたイワシの油から作れるし、硝酸はアンモニアから合成できる。つまり、日本海のイワシから採りだしたグリセリンと鴨緑江の水を利用した水力発電を使って空中から採り出した硝酸で火薬が出来るというわけだ。

さらに鎌田の記述をつづけると、従来、火薬の原料の硝酸は硝石からつくるので、ドイツは、チリから硝石を輸入していたが、世界大戦でチリ硝石の輸入が途絶えると、空中にある窒素を固定してアンモニアをつくり、それから硝酸をつくる方法を開発した。その方法には電気が要る。朝鮮には、水力発電と豊富な無煙炭があるから発電の資源に恵まれている。それにグリセリンをつくるイワシ油の資源も豊かだ。

だから、鎌田は、「如何なる世界大戦に遭遇すると仮定しても、まづこの（日本窒素会社）一工場アンモニア製造量を以てすれば、火薬爆薬の原料には事缺かぬとみてよいらしいのである。何と心丈夫なことが、朝鮮の片田舎に存在することではないか」（朝　一九七頁）というように戦争を意識している。だから、鎌田は、このイワシと鴨緑江の水を『朝鮮は起ち上る』の「はしがき」の冒頭で使ったのだ。

・北鮮開拓策

北鮮は、沿海域と内陸域の二つに分けてとらえた方がわかりやすい。一つは、日本海沿岸で、これは第一章の中で日本海中心論の電気とイワシ油を使った工業化の具体策として宇垣政策と鎌田構想が重なると述べた。それに次の項を加えて補完する。

潜在する未開発電力資源の開発に合わせて工業化を進める鎌田構想を受けた形になっている。鎌田は、東洋一の羅津港、その北にある雄基港（注5）、少し南へ下がって清津港の三大港を活用して、この日本海沿いの北部朝鮮の咸鏡北道一帯を工業地帯にする構想をもっていた。この地域は満州国に隣接し、日本海航路を使って日本の内地ともつながる地だった。

また、この地域を工業地帯とすると、満州国の資源の活用もできるし、日本海の漁場で獲ったイワシから油の製造もできるし、鴨緑江水系のダムから日本海側に流す発電所の電気も活用できるので、火薬をはじめ工業製品の生産に適し

注5　雄基は旧称で現在は先鋒と改称され南の羅津と一体にして羅先と称されている。

た条件を有していた。沿岸一帯を工場地帯として満州の資源を鉄道で運び、朝鮮の資源を合わせて工業化を図る。そのために内地より五万人の熟練工を送って朝鮮人の指導に当たらせるというのが鎌田の『朝鮮は起ち上る』にある構想である。

もう一つは、これから述べる内陸の高原の山林地帯に住む火田民対策だ。鎌田の書『宇垣一成』にある北鮮開拓とは、咸鏡北道、咸鏡南道にまたがる内陸にある山林地帯が対象になっている。この地域は、人口が希薄だが、朝鮮国有林の七割に相当する二一六万町歩（約一四〇〇方里）もあり、朝鮮随一の密林で優良材木に富んでいる。しかし、その豊かな材木資源は、交通の便が悪いこともあって、極わずかしか利用されていない。そこには、美林を焼いて農業を営む火田民《かでんみん》が生活している。

この火田民の元をたどると平地農民の落伍者だったとも言われている人たちで、森林を焼いてできた空間に、粟、蕎麦、燕麦、馬鈴薯などを植えて生活している。と言っても、彼らは農具も種子も持っていないので、別途、それらを貸す資本家とも言える人から借りる。だから、火田民は、収穫時に、農具の損料や種子の返還などを資本家へ収穫物で返済しなければならない。この火田民の社会は、資本家とその資本家に搾取される農耕民の構造を持っている。

施肥もしないから三〜五年間ほどで地味がやせて来て生産力が落ちる。すると、資本家が火田民に別の地に火を放つことを勧める。火田民は次の地点へ移動して火を着けて美林を焼く。ところが、彼らは火を着けても消火することを知らない。だから、自然鎮火まで美林を燃やすことになる。こんな生活を続けている火田民が、北鮮の山林地帯に三万戸、一八万人いると言われている。

宇垣総督の北鮮開拓策は、これら火田民の美林焼却生活から定着定住へ転換させて生活の向上を図ることだ。火田民を定着農民に転向させれば、奥地における農耕植林の尖兵の役にもなり、優良材木資源の美林を守れる。そのために、宇垣政策では、実施する事業として幹線道路の建設、鉄道の敷設、国有林利用施設、火田民の定住化の四項目を目標に掲げている。

事業が成功すれば、未利用資源の開発、南北朝鮮における人口偏りの緩和、朝鮮人の北への関心向上と満州国進出への足場の整備、日本内地から渡航する労働者の減少で不足している労働力の充填、緬羊飼育の適地獲得などが期待できるのだ。以上が宇垣総督の採った北朝鮮の山林地帯の活用政策だった。この宇垣の北鮮開拓策に対して『朝鮮は起ち上る』にある鎌田構想はどう対応しているのだろうか。

『宇垣一成』と『朝鮮は起ち上る』の両書とも執筆は鎌田だから、火田民が平地農業の落伍者云々、農具や種子を貸与して収穫物を搾取する人の話、それと、この地に総督府が投資すれば収支で収益が出る計算値など全く同じ記述がある。だが、それらとは別に『朝鮮は起ち上る』には、荒廃した山地に植樹して山から砂が流れ出ることを防ぐ砂防事業が採り挙げられている。

この砂防事業は、既に、長谷川好道総督（一九一六〜一九一九年）時代の大正七（一九一八）年度から忠清南道《ちゅうせいなんどう》などで砂防造林事業として実施されて来た。この事業で使われる経費のほとんどが労賃で、しかも、総督府から労働者へ渡る過程で、中間搾取されることが一切ないので、その地方の窮民を直接救済する最適の事業である。長谷川総督から次の齋藤實総督（一九一九〜一九二七、及び一九二九〜一九三一年）時代の治山治水政策でもこの砂防事業が出発点になっている。前に何度か触れたように、宇垣は、この齋藤総督時代の一九二七年に、臨時代理総督を務めている。だから、この期間に、砂防事業の効果を学び取っていたはずだが、宇垣政策の北鮮開拓策では砂防事業について全然触れていない。

ところで、昭和三（一九二八）年六月の京城日報に、「火田の話」の見出しと「原始農業の遺物ナゼ朝鮮は斯く存続する面白い素因の数々」(06)と小見出しを付けた記事がある（神戸大学附属図書館所蔵）。それによると、朝鮮総督府は、大正十三（一九二四）年に、地理学者の小田内通敏（一八七五〜一九五四年）に嘱託して火田の調査を行っている。また、昭和三年現在は、京都帝国大学の橋本伝左衛門博士（一八八七〜一九七七年）の一隊に頼んで国境から江原道にかけての北鮮に住む火田の調査を行っている最中だ。その橋本隊の調査結果が出るまでには、まだ年数を要するので、この京城日報の記事は、橋本隊から調査結果の報告書が出るまでの、火田に対するつなぎの記事と受け止めてほしい旨の注書きがある。

この京城日報の記事の執筆者はわからないが、当時、京城日報の嘱託記者を務めていたはずの鎌田が、火田民に強い関心を持っていたことは、鎌田の書『朝鮮は起ち上る』にある次の記述からわかる。同書には「近く筆者（鎌田）は火田民の研究の為、別に一書を執筆すべく彼ら（火田民）の生活地帯へ出向く予定……」とある。これらのことから京城日報の記事も鎌田が執筆した可能性が大きいが、火田民の現場を踏査して書くといった鎌田が、その後、火田民に関する書を執筆した形跡はない。おそらく、現場を踏査して書く現場主義の鎌田は、火田民の現場に行く機会を失したのだろう。

この『宇垣一成』にある北鮮開発策を見る限り、宇垣政策が鎌田構想を基にしたと読み取ることはできない。むしろ、『朝鮮は起ち上る』にある火田民に関する記述は、逆に「宇垣一成」にある宇垣政策を単に解説したものに過ぎない。おそらく、火田民に関する宇垣政策は、先の橋本隊の調査結果を受けて講じられたものだろう。半面、現場踏査を大切にする鎌田は、火田民が住む現場を踏む機会がないまま『朝鮮は起ち上る』を執筆したので、彼独自の構想に至らなかったのだろう。

火田民について、朝鮮半島の農民から直接聞き取って書いた徳井賢の『朝鮮半島の火田民』[64]（四六頁）に、次の記述があるので参考のために付け加えておく。「日本の統治時代、朝鮮総督府は山林資源を荒廃させる火田民を定着させようと努力したが、地主に圧迫された苦しい生活と、戦争用の食糧増産という口実で、かえって火田民は増加する傾向にあった」。

つまり火田民対策は、自分の土地をもたない農民が火田民となるのを抑える農村振興が大切なのだ。その農村振興策の一面として鎌田は北鮮開拓に関して次の緬羊飼育を重視している。

・緬羊飼育策

鎌田が執筆した『宇垣一成』の中で、緬羊飼育奨励政策は、総督府の産業政策で事務局が企画したものではなく、宇垣総督が一〇年～三〇年先を見越した独創的な考えに基づくと鎌田は評している。その背景を次のように説明している。

「万一不幸にも第二次世界大戦の如きものが突発する場合、兵器、弾薬、食糧とともに最も重要なる羊毛資源が内に顧みて全く零なりとせんか、この寒心事は他の何者の不安よりも増大せらるべきである」（宇　三八二頁）と述べて、続けて、戦争は武力だけで解決される時代は過ぎ勝敗は経済力にかかっている。したがって、戦争相手国の重要資源を破壊すること、輸入を妨害することが戦術中の重要事項となっている。もし豪州からの羊毛輸入が途絶すれば、南アフリカや南アメリカから輸入すれば良いなどと楽観視している人が居れば、それは時世の一端すら読み取れない世事に疎い人だ。人類が戦争しなくてもよい時代が来るまでは、国内で絶対必要量の羊毛を確保する生産体制を企図することは国の重大産業政策だ、と主張している。

では、宇垣総督が緬羊飼育の大切さにどうやって到達したのか、と言えば、それは、鎌田が綿密に調べた結果を基にした構想によるのだ。鎌田は『朝鮮は起ち上る』で緬羊飼育について次のように述べている。

毛織物の需要は、国民生活の衣類としても軍需品の軍服としても欠かせない物資だ。このことは、大正七（一九一七）年にイギリスからオーストラリアへ羊毛の禁止令が出され、日本は、羊毛が入らない状態になる苦い経験で緬羊飼育の重要性を悟らされた。そこで緬羊飼育奨励策を朝鮮総督府及び日本内地は採って国費を費やしたが旨くいかず、大正十三（一九二三）年に中止された。だが、宇垣総督は北鮮開拓政策の中にも緬羊問題を採り上げた。これは、満州国の独立で日本の勢力圏が広まれば再燃する問題だから、それに先駆けての政策だと鎌田は宇垣総督を高く評価して、続けて緬羊に関する鎌田の知見を織り込んで、具体的な構想を披露している。

鎌田の調査結果によると、これまでの緬羊飼育が失敗したのは、大規模放牧での構想だったことと飼料を上質なものと思い込んでいたことに起因する。飼育規模は、一農家が副業的に二〇頭飼う小規模にすれば、北鮮の農家二〇万戸で四〇〇万頭飼える。三〇〇万頭飼育できれば、外国から輸入しなくても日本の需要に何とか対応できる量だから、農家の副業で日本の需要は賄える。飼育面積も飼育舎一坪の面積に二頭収容できるし、放牧なら一頭につき二〜五反の草原があれば十分だ。

その飼育の世話は、飼育舎であれば老幼婦女子の片手間で足りるし、放牧の場合でも牧夫一人で二〇〇頭以上飼える。飼料は、稲藁だから牛一頭に与える量で緬羊なら五頭飼える。しかも、芋蔓、豆の茎や莢など農家にとって価値のないものでも食べて育つ。

それに、農家にとって、これまで冬の農閑期は収入がなかったが、スコットランドに習って家庭で羊毛を紡いで手織りの洋服地などホームスパンを作ることで、新たな収入源にもなる。その他に収入源としては羊の肉がある。中国ではその昔から口編に未と書いて味という字を作っているし、また「羊頭を掲げて狗肉を売る」のことわざのとおり、美味しくて人気がある羊を看板に人気の低い犬の肉を売っているほどだ。だから、軍隊はいくらでも欲しいと言っている。その上、羊の皮は防寒服や敷物などの素材として需要はいくらでもあるという。さらに、羊の糞は、蹄で金をまき散らすように土地を肥沃にするので、昔から西洋ではゴールデンフーフ（golden hoof 金蹄）と称されてきたように作物の肥料として優れている。

なお、鎌田の緬羊に関する著書に『羊』(39)（一九三四年）がある。その『羊』は副題として「人生と緬羊・緬羊の飼い方・ホームスパンの織り方・日満羊を尋ねる旅」と付けてある。その他にも『緬羊及緬羊事業研究』（一九三四年　朝鮮総督府）などがある。一九三四年の年間に執筆していることだけを見ても鎌田が如何に緬羊事業に力を入れていたことが伺える。

・棉作奨励策

鎌田構想では次のように述べられている。棉花栽培は南鮮の産業振興策である。棉花はその用途が広範で国民生活に欠かせない被服の主要原料であることはもとより、その他火薬、セルロイドなどの化学製品原料として欠かせない作物だ。

軍事用として、綿を硝酸と硫酸の混合液に浸して硝化綿（ニトロセルロース nitro cellulose）という綿火薬をつくる。綿火薬は雷管に詰めて点火すると猛烈な破壊力をもつ。また、綿火薬を水洗してアルコールで脱水したものを薄く小さく切って乾燥させたものが無煙火薬で小銃の弾薬に使われる。さらに、グリセリンと硝酸との化合物を加えて紐状にしたものが紐状無煙火薬で、これは艦砲発射のときに使われる。

その他にも綿火薬に樟脳を加えて圧搾するとセルロイドが出来て、映画フィルムやいろんな器材に使える。棉の実は二〇～二五％の油を含んでいるから食用油も採れる。

棉花は、日本内地でも明治二十（一八八七）年までは栽培されていたが、毛筋が短く機械紡績には不向きで朝鮮の綿に遠く及ばない品種だった。そこで、内地にアメリカなどの外国品種を入れたが、結果として旨く育たなかったので棉花の適地がないことがわかった。そうすると、日本は綿を輸入に頼らざるを得ないから有事に際し軍需品の綿の輸入が途絶えることは日本にとって重大問題だった。

一方、朝鮮の棉花栽培の歴史は古く、六世紀に中国から入って広まっていた。それが明治時代三十四（一九〇一）年に日本への輸出につながっている。日本への輸出に成功して以来、作付面積も拡大したが、その品種は日本の物よりは良くても、アメリカ産陸地綿のキングスインブルーヴド種に比べると著しく劣っていた。そこで、韓国の木浦領事館の若松兎三郎領事が計画して、明治三十七（一九〇四）年に、アメリカの陸地棉花をはじめその他の品種十数種を南朝鮮の木浦の対岸の高下島で試験栽培した結果、朝鮮（韓国）の環境が陸地棉の栽培に適していることがわかった。

それを受けて、有志が棉花栽培協会という組織をつくり、大日本紡績連合会などの団体も関係して、朝鮮（大韓帝国）へ棉作奨励の建議案を提出した。韓国では、棉花種圃を作って得た新しい棉花種子を一般に配布するとともに、繰綿工場を新設した。これが韓国における陸地棉花栽培の始まりである。

その後、朝鮮に於ける綿の収穫量は順調に増えて、日本内地へ輸出するまでに伸びたが、大韓帝国時代は、量的に見て試作期に過ぎなかった。そんなこともあって、日韓合併後、南鮮の六道に陸地棉栽培の訓令を出して棉花栽培を促した。その結果、作付面積も収穫量も伸びたが昭和三（一九二八）年を収穫量のピークとして以降減少している。これは市場価格が落ちると翌年の棉花作付面積を減らす農家経済に影響されたからだ。この対策として国費をつぎ込むことも無駄ではない。有事に際しての政策として、宇垣総督がかかげる棉花増産計画は観るべき価値がある。

以上の経過があるので、朝鮮が奮起することによって、アメリカで栽培されている早生種の栽培に適した環境にある南朝鮮で棉花の大増産が期待できる。

注釈を加える。樟脳などから合成されるセルロイドは、世界最初の高分子プラスチックである。世界で樟脳の主要産地は台湾だったから戦時中台湾を領有していた日本が有利だった。その対抗として、欧米で高分子化学の研究が進み　可燃性が欠点のセルロイドに代わって塩化ビニールやポリルロピレンが生まれ、セルロイドは衰退した。

日本は、外国から年間六六九トンの棉花を輸入しているが、その内アメリカ綿が二三四トンで約三五％占めている。万一アメリカから輸入できなくなると、日本内地は棉花栽培に適していないから、その補充を朝鮮の土地に求めることになる。棉花二三四トン生産するためには百万町歩（百万ヘクタール注6）が必要だが、その棉花耕作地を朝鮮に求めることはむずかしくない。鎌田は、昭和七年に木浦の農村を訪ねて農民から棉花栽培についての意見を聞き取っている。棉花は他の作物より旱魃に強い、それに朝鮮総督府からの奨励もあって、棉花栽培を楽しみにしているのを感じ取り、意を強くしたとも言う。だから、宇垣総督の棉花栽培奨励は時機を得た政策である。さらに、日本の勢力下で棉花栽培に適した地域があれば、棉花を優先させて食糧を他所に託すなど適地適作主義を促すことが肝要

注6　平成二十六（二〇一四）年の日本の総耕地面積は四五二万ヘクタール、北海道が一一四万ヘクタール、東北六県で八五万ヘクタール（農林水産統計）。

である。としている。

・その他

また、金の他にも特殊鉱物として、鉛筆の芯や固体潤滑剤、特に窒素肥料工業でなくてはならない電極に使う物質の黒鉛（black lead）が、第一次世界大戦（一九一四〜一九一八年）の際、イギリスがセイロン産を、フランスがマダガスカル産を輸出禁止にしたので関係国は困惑させられた。その軍事用鉱物の黒鉛生産量では朝鮮が世界一を誇っている。その他にも、マグネサイト、タングステン鉱、明礬石、水鉛など軍事用に欠かさない鉱物資源が、日本内地にはなくても朝鮮にはある。だからそれらの採掘を奨励している。

戦争に軍事物資の石油も欠かせない。この石油についても鎌田は、「石炭の液体化は国策として大事業として、その成功は石油界にセンセーショナルな貢献をなすであろうし、又その原料としての褐炭の消費は、朝鮮炭鉱界に大なる刺激を与え活況を呈するに至るべく、括目してその成行きを待望すべきものであろう」（朝　一七五頁）と書いている。

鎌田の著書『宇垣一成』と『松籟清談』の中に鎌田の名前は文章中にはどこにも出て来ない。鎌田は、本文に自分の名前を一切出さないで黒子に徹している。しかし、たとえば、『松籟清談』の「南棉北羊」の話（一一六頁）の項に、篤志家夫妻が世界を股に掛けた研究結果から羊毛でホームスパンを作る本場のスコットランドの技術を習得し、その技術を朝鮮の少女たちに教えて立派な製品がたくさんできるようになった旨の話が出て来るが、この篤志家が誰かというと、鎌田の著書『羊』の序文に農民美術研究所の山本鼎が「(前略) 著者 (鎌田) の夫人を中心とするグループが、家政の余暇を羊毛の工芸的紡織に用いられて立派な風味ある趣味的実用品 (ホームスパン) を作り出されて居る……(後略、カッコ内筆者加筆)」。また、東京美術学校教授の田邉幸次が「(前略) 羊毛加工の最も現実的なる方面を、一家を挙げて研究に没頭して余念がないのであって、その製品であるホームスパン作品を……(後略)」と書いている。この二人の序文から読み取っても、鎌田の書に出て来る先の篤志家が鎌田自身であることは間違いない。

以上のように、鎌田構想を基に宇垣政策が打ち出されたことは間違いない。それにしても、鎌田は、自著『宇垣一成』で黒子に徹しながら宇垣政策を紹介し、その一方、『朝鮮は起ち上る』で自身の構想を披露している。これは、宇垣が鎌田構想を基にした政策であることを世間に知られることも是とした器量の大きさと、鎌田としては自分の構想力を示したことでもある。お互いが取った姿勢は両者の考えがツーカーの表裏一体である証とも言えよう。

・イワシの漁業振興策がない理由

鎌田は『朝鮮は起ち上る』でイワシについて、先述のとおり、イワシの魚油からグリセリンをつくると掲げて、さらに、本文中に「耀く水産界」と大上段に構えたタイトルと、「鰯変じてダイナマイトになる」というキャチフレーズのサブタイトルで書いている。だが、宇垣政策にも、その後の鎌田の著書にもイワシの「イ」の字も出てこない。これをどう読み解くか、その前に鎌田の「輝く水産業」を簡単にまとめて紹介する。

『朝鮮は起ち上る』としては珍しく、この項だけAとBの二人に漫談調の対談形式で語らせてイワシがダイナマイトの原料になる話を説明している。それを要約すると次のようになる。

朝鮮の東海岸（日本海）で大きくて太ったイワシ（マイワシ以下イワシと称す）が獲れる。一九三三年の漁獲量は三三七万トン余（藤井の数値(68)と同じ量）で世界一多い。そのイワシから採れる魚油が四年平均七万四千トンで世界一、肥料になる絞り粕が七六万俵、その他鮮魚、塩蔵、缶詰の食用になる。魚油製造は、咸鏡南道にある朝鮮窒素会社が年間一万四千トン魚油を生産できる工場を建設中だ。

このイワシ漁は、大正十二（一九二三）年に羅津や清津がある咸鏡北道の沿岸に寒流が流れて来た時、寒流によって仮死状態になったイワシの群が渚に打ち揚げられた。これを沿岸の農民などが拾って売りさばいたのが発端だった。その後も朝鮮の郵船が沈んだので海底捜索をした際、イワシの大きな群れを発見した。それまで北鮮の漁民も、このイワシの資源について知らなかった。

イワシからダイナマイトを作る工程は、まず、イワシを絞って魚油を採る。この魚油に水素を加えて固形化した硬化油にする。この硬化油から石鹸、ロウソク、人造バター、グリセリン、などを作ることができる。グリセリンに硝酸を加えるとニトログリセリン、すなわちダイナマイトが出来る。

硬化油をつくる原料は、魚油、大豆油、亜麻仁油《あまにゆ》、綿実油が四大原料とされている。亜麻仁油はインドやアフリカで採れるがイギリスの支配下、綿実油はアメリカ、魚油と大豆油は日本が支配している。だから硬化油工業は安泰だ。それに、イワシはトマトケチャップと煮込んで缶詰（トマトサージン）にして輸出もできるし、また、イワシの絞り粕は、フィッシュミールとして肥料にする以外にも家畜の飼料、さらに、人間の食料になる可能性もある。朝鮮半島の東海岸五道では、イワシ漁業に五万人、製造に五万人、運搬や販売で一万人が従事している。だから家族を合わせると四乃至五〇万人が、イワシで生活している計算になる。以上のとおり、鎌田は漫談調の対談形式でイワシ漁業を称賛している。

この漫談調に続いて、朝鮮は、半島だから三面海に囲まれ地形・気候・海流の関係で水産資源が豊かであるが、これまで漁業が盛んではなかった。その理由は、昔からの風習で漁業を賤業として軽視することがはなはだしかったことと、漁業の基礎が確立されていなかったことが起因している。

明治四十三（一九一〇）年に日韓併合後、内地の漁業者が操業に来るようになり、中には移住する漁業者も出るなどで朝鮮の漁業は盛んになった。当局の総督府は、事業者に改良や発達を促し、資源の保護やその取締りに関する技術の伝習、講習、それに試験などを行って、優良事業には補助や貸与をし、その一方で漁港、避難港の修築への補助をするなどで漁業の発展を助けてきた。さらに、漁業組合を設置して漁村の発達を図り、輸出水産製品の検査を行って施設の改良を手助けした結果、朝鮮の水産業は一新して躍動し始めたのだ。

その結果、明治四十四（一九一一）年から昭和三（一九二八）年までの一七年間に漁業者数が二・〇倍、製造業者数が一・四倍、養殖業者数が三・八倍に増え、生産額でも漁獲高が八・一倍、製造高が一六・九倍、養殖高が三二・〇倍と大きく増加した。

鎌田は、朝鮮の水産業について次のようにまとめている。朝鮮の漁場面積に対する漁業者数や漁船数は内地に比べるとまだ少なく、それを内地並に増やすことは前途洋々で、特に養殖業は内地より適地が多いこと、沿海州やシナ海に進めば地理的に恵まれているので、「朝鮮水産界の将来愈々《いよいよ》朗《ほが》らかに輝くべきを的確に予言し得られるのである」という表現で結んでいる。

ところが、先述のとおり、宇垣政策にも、その後の鎌田著書にもイワシが登場しないのだ。これは、先の、金鉱生産、火田民対策、緬羊、棉栽培のような奨励策は朝鮮人を主体となって直接関与しなければならないのに対して、イワシは内地の漁業者が主体になって漁獲して北鮮の漁港に水揚げし、工場、魚油、ダイナマイトとつながるわけだから朝鮮の漁業振興策として政策に掲げる必要性が薄かったことと、鎌田は産業の現場に自分の足で立って記事を書く現場重視の足で書くジャーナリストだ。だから漁業の現場に立っていない鎌田に具体的に説明できる漁業振興構想は立てられなかったのだろう。

鎌田の誤算

鎌田はイワシ資源を見誤った。イワシは金や石炭のような鉱物資源と違ってその量が年々変動するのだ。鉱物資源の埋蔵量は年によって増減しない。イワシのような生物資源は、言葉は同じ資源を使っても死滅と誕生で増減するという違いがある。イワシは環境変化などで増減する資源なのだ。つまり、地球規模で大気に変動が生じ、それが海洋に及んで海の流れが変われば、イワシの漁場も変わるし、再生産の増減に大きく影響するわけだ。

例えば、ある年、海流など海の環境が変わり、それがイワシの産卵場にとって負の変化であれば、産卵量や稚魚の生き残り量が減り次世代以降の資源が減る。また、イワシを食べるサバやブリ等の捕食者が増えれば、食べられる被食者のイワシ資源は減る。このようにイワシ資源は、物理的環境や生物的環境の変化で増減するから大漁が続いていると言っても、それがいつまでも持続するものではない。

この生物的環境変化の捕食・被食の関係は、一般的には、食物連鎖（food chain）あるいは、食物網（food webs）という表現で説明される。これに沿ってイワシに関してごく単純に連鎖を示すと、太陽光と栄養塩類↓植物プランクトン↓動物プランクトン↓イワシ↓サバ↓ブリ↓イルカと言った表現になるが、実際には、イワシが植物プランクトンも食べることもあり、サバやブリの卵や仔魚を食べることもあるのでこんな単純な図式ではないが、海の中におけるエネルギーの流れる方向としては↓に沿っている。

この食物連鎖は、イギリスの動物学者チャールス・エルトン（Charles Elton 一九〇〇～一九九一）が、一九二七年に著した『Animal Ecology（動物の生態学）』[61]で提唱したのが初めてだ。日本語の翻訳は、渋谷寿夫（一九一三～一九八六）が戦時中に翻訳したが、出版（科学新興社）は一九五五年になった。

イワシ資源を重視した鎌田は昭和八（一九三三）年に『朝鮮は起ち上る』を書いたのだからエルトンの原書『Animal Ecology』を読む機会は年代的にはあったが、実際にはどうだっただろうか。

鎌田は博学であるが、おそらく読んでいないだろう。たとえ読んでいたとしても、書には魚類としてはニシンに関する記述はあるが、イワシのことは書いてない。ニシンにしても成長段階別に捕食する餌と食べられる被食の関係を表しただけで資源量の量的関係までには及んでいない。

日本でイワシの生態に関する科学的調査が出たのは、一九三六年に朝鮮総督府水産試験場の中井甚二郎（一九〇四〜一九八四）が手掛けたのが初めてだから、鎌田が『朝鮮は起ち上る』を書いた一九三三年にはまだイワシの生態に関する科学的知識は何もなかったと言っていいだろう。現実は、鎌田が絶賛し、また、頼りにしていた朝鮮沿岸のイワシの漁獲量が、その後、急激に減少している。この結果から見てもイワシ資源が大きく減少する考えは、鎌田の頭になかったのだ。

既に何度か触れたとおり、鎌田は、著書『朝鮮は起ち上る』で大量に獲れるイワシを原料に工場で魚油を採り出し、水力発電から得た電気を使って空中から窒素を採り出し、両者を合わせて火薬をつくるという構想を示していた。それだけに、このイワシ資源の激減は、鎌田構想の成否の根幹にかかわる重要問題であった。戦後になって、そのイワシが激減した原因を研究者たちは、獲り過ぎの乱獲説、回遊経路が沖合に移った漁場移動説、生息環境の悪化説、乱獲と環境悪化説などを出しているが、これらはいずれも決め手を欠いている。それだけ難しい問題なのだ。だから、結果的に鎌田はイワシ資源を見誤ったのも無理からぬことだ。それにしてもイワシ資源と本書の主題の釜山高等水産学校が朝鮮総督府に設立されたことと無関係でないので、次に、このイワシ資源に関する現代の知見に触れておく。

イワシ資源の変動

平成十七（二〇〇五）年に、マイワシ（注7）資源が増減する現実を当時の水産庁資源管理部資源管理室長だった長谷成人氏が『水産振興』[66]447号で端的に述べている。その主旨はつぎのとおり。「マイワシは環境変動の影響を受けやすい資源量だから環境条件が悪い時に、我慢して獲らないでいても増えないので環境がよくなるのを気長に待つしかない資源だ」というのだ。言葉を換えると、マイワシ資源の増減は、人の手で管理するのでなく神の手に委ねる他はないということになろうか。

一方、日本は、国連海洋法条約を批准したのでＥＥＺ（Exclusive Economic Zone 排他的経済水域）の水産資源を管理して安定的に継続させるＴＡＣ（Total Allowable Catch 漁獲可能量）などの義務が生じた。そこで、平成八（一九九六）年に「海洋生物資源の保存及び管理に関する法律（海洋生物資源管理法）」を定めた。要するに、マイワシやマサバなどの水産資源を増やすことはあっても減らすことのないように漁獲量・漁具漁法・漁期などを定めて人為的に管理して行きましょう、というわけだ。

とは言っても、平成二十七（二〇一五）年現在、具体的にマイワシについてどんなことが決められているかというと「（マイワシ）資源は、新規加入群の状況及び海域によって変動が大きいことから、資源動向について注視する必要がある」ことになる。これはマサバやアジなども同じで、一言で言えば、今後の資源の増減（漁獲量）の経緯を見守りましょう。留まっている。これをわかりやすく言うと先の長谷氏の「気長に待つ」の言葉になるのだ。つまり現在の研究結果をもってマイワ

注7　ここまで一言でイワシと称してきたが、学術的にはマイワシ、カタクチイワシ、ウルメイワシなど種別に扱う。本項に限ってマイワシと称す。

シ資源の増減を人為的に管理することはできないというわけだ。

そうかと言って研究者はマイワシ資源に手をこまねいているわけではない。研究成果も積み重ねられて注目される学説も出されて来たが、それらも突き詰めると人の手に負えない環境変化に帰することがわかっただけとも言えよう。その環境も太陽系に絡んだ地球規模での環境変化に左右されるからマイワシの生理や生態が解明できても、それは、言わばお釈迦様の掌の上での研究となり、こと資源の増減に関してはいくら理屈をこねても元の木阿弥に帰したわけだ。そんなマイワシ研究だがお釈迦様の掌から外に出ようとしている研究も出て来た。本題から横道にそれたついでに、その一端を参考のために紹介しておく。

レジームシフト（Regime Shift）という言葉がある。岩波の『広辞苑』第六版に「大気・海洋生態系からなる地球の動態の基本構造が数十年間隔で転換すること」と出ているが一般的にはあまり聞き慣れない言葉だ。それもそのはず、この言葉は、一九八三年に、コスタリカの首都サンホセでＦＡＯ（Food and Agriculture Organization 国際連合食糧農業機関）主催の水産資源の専門家会議で東北大学の川崎健教授の報告がきっかけになっている。次いで一九八七年にメキシコのラパスで世界の海洋及び水産研究者などがそれぞれの研究課題や結果を持ち寄って討議するワークショップ（Work Shop）が開催された。その時、川崎教授はマイワシ資源の変動の課題を地球規模でとらえた研究結果を発表した。そのワークショップの名称がレジーム　プロブレム　ワークショップ（Regime Problem Workshop）だったので、これから採ってレジームシフトの言葉が生まれたそうだ（二〇〇九年岩波新書『イワシと気候変動』[46]川崎健）。だから、レジームシフトは一九八七年に日本人の父親をもって生まれた世界に通用する言葉なのだ。

図2は、川崎教授がワークショップでの発表に使った図に谷津明彦氏らが手を加えて二〇一三年の『水産海洋研究』77号に「世界のマイワシ類の漁獲量の長期変動」[78]（谷津明彦・高橋素光参照）と題して発表したものに、さらに筆者が海域を加えたものだ。見にくいかと思うが、X軸は西暦年をY軸は漁獲量（万トン）を示している。

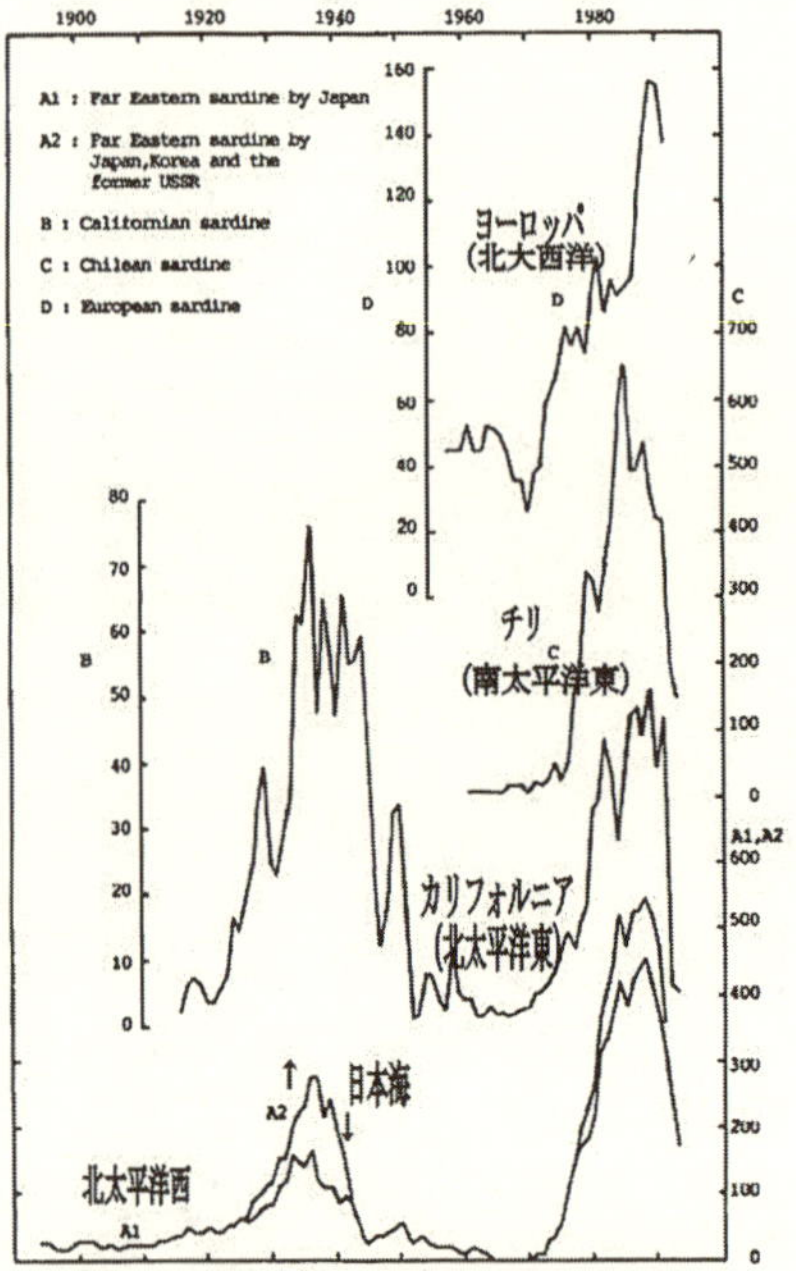

図2　世界のイワシ類漁獲量の増減
（X軸は年、Y軸は漁獲量　谷津明彦・高橋素光図転載　海域添加）

この図で注目されるのは、一九八〇年代の北大西洋（ヨーロッパ）、南太平洋東（チリ）、北太平洋東（カリフォルニア）、北太平洋西、日本海の五海域それぞれの漁場でイワシ漁獲量の増減が、急増期から豊漁の頂点に達すると、数年で急減期に転じる急峻な山を思わせる形を示していることだ。川崎教授が、これは地球的規模での大気環境の変化で、世界のイワシに代表される小型浮魚資源が同時に影響を受けた現象だと発表するまで、その原因は獲り過ぎ、すなわち乱獲によるものだ、という考えが主流を占めていた。だが、この五海域のイワシは、それぞれ生活域が独立していて交流することはないにもかかわらず、このグラフを見ればわかるとおり、世界のどの漁獲海域でも同時的に急増期から急減期に移っている。この現象を説明したのが川崎教授の研究なのだ。

では、マイワシ資源が年とともに変動する要因を究明することは川崎教授のレジームシフトの考えを使えばわかるかと言えば、そうでもない。これまで、この要因究明にいろいろな理論が提示されてきたが、その中で、レジームシフト論は、現在、面白い理論の一つと受け止めた方がいいだろう。しかし、マイワシ資源が年変動することは、漁獲量の統計資料を見ればわかることだ。これは結果であって、その要因を読み取ることは容易でない、というわけだ。

再度図2を見ていただきたい。少し大きな目で見ると、日本（北太平洋西、日本海）とカリフォルニア（北太平洋東）のマイワシの漁獲が年を追ってほぼ同じ形で経過している。二つの漁獲海域は離れているし、同じマイワシといっても系統（系群）が違っており両者が交わることはない。繰り返しになるが、それにも関わらずグラフの形は相似形だ。これを説明するには、大気・海洋など地球規模で変動する環境変化に呼応しているのではないかというのが、世界に先駆けて川崎教授が提唱したレジームシフト理論の端緒になる。

筆者にとって、スケールが大きな川崎教授の研究を詳しく説明する力量も紙面もないが、筆者なりにごく簡単に言うと、太陽から影響を受ける地球上の海域は同時的に環境変化が起きる。その環境変化はイワシ資源にプラスに働くこともマイナスに働くこともある。プラスに働けば生き残り率が高くなり産卵量が大きいイワシ資源は急増するが、マイナスに働けば生き残り率が低くなり激減する。いったん減少すると、それまでのイワシの生活域を他の魚類が占有するのでイワシの資源の回復は、イワシにプラスに働く地球的規模の環境変化が来るまで低迷する。だから、本項冒頭の長谷氏の「イワシ資源は我慢して獲らないでいても増えない」に結びつくのだ。

ところで、鎌田が『朝鮮は起ち上る』を書いた昭和八（一九三三）年頃は、図に矢印で示した日本海産イワシ資源の急増期に当たる。イワシをどれだけ獲っても減らない時期だ。古老の中には、豊漁とは長続きしないものだということを見抜いていたかもしれないが、官吏やジャーナリストが調べたぐらいでそれを見抜くことは無理である。だから、先に触れたとおり、鎌田が日本海の朝鮮沿岸で豊漁が続くマイワシ漁が長続きすると思ったとしても無理からぬことだったのだ。

このレジームシフトは、関係者にとって興味深い理論だから注目されているが、マイワシ資源の変動を太陽と地球との関係で生じる大きな環境規模で捉えた理論として斬新かというと、必ずしもそうとは言い切れない。というのも、太陽がその活動で黒点の増減が生じることは昔から知られていた。その太陽活動の盛衰現象がどのようなメカニズムで地球環境に影響するかは別にして、その環境変化で水産資源が増減することは注目されていたのだ。この両者の関係を解明するメカニズムは解明されなくても、現象として太陽黒点の増減と水産資源の増減との間に相関関係があることを捉えた研究は過去にもなされている。そう言ったことで、地球的環境変化と水産資源（漁獲量）との間が無関係でないとする着眼点だけは、レジームシフトという新しい用語が出る前から水産資源の研究者の間にあったと言っていいかと思う。

ただし、この太陽黒点の増減と水産資源の増減との相関は、端的に言えば、単純に両者の年間データから相関係数を算出して、そこに統計学的な有意性が有るか無いかをもって論じられたもので、その後、年を追ってデータ数が増えると有意性の有無が怪しくなるなどもあってか、いつしか継続研究も見られなくなり終焉となったようだ。

その点、川崎教授のレジームシフト理論は、地球的規模での海洋循環や気象変動をとらえようと国際協力のもとでの二つのプロジェクト（注8）から出て来る成果と相まって、地球規模での環境変化のメカニズムにまで踏み込んでいるので、イワシ資源の研究域がお釈迦様の掌の外まで広がって来たと言えそうだ。

レジームシフトは今後の研究成果が期待される理論だが、現在、水産資源を減らすことがないように人の手で管理しましょうという考えで用いられているのは、ＭＳＹ（Maximum Sustainable Yield 最大持続生産量）理論である。この理論の前提は、ある魚種は環境さえ良ければ右肩上がりの成長曲線的（ロジステック曲線）に増えるが、やがて生息域の制約や餌の量など何らかの制約を受けてある量

注8

・ＷＯＣＥ（World Ocean Circulation Experiment 世界海洋循環実験）。海洋循環と気候変動との関係をとらえるために、船舶、人工衛星、最新の計測機器を使って、地球的規模で海の精細な観測を実施する。一九九〇年に始まった。

・アルゴ（Argo ギリシャ神話に登場する船名）計画。世界の海の水深二〇〇〇㍍から表面までの水温と塩分をフロート（浮標）が浮沈しながら観測し、そのデータを一〇日に一回人工衛星を通じて送って来る。フロートは三〇〇〇個。二〇〇〇年に始まり二〇〇六年にフロート設置完了。

で頭打ちとなり以降は横ばいで経緯する。

この最も増えた資源量がマキシマムだ（M）。魚に限らず人も含めて生物は、環境さえ整えばマキシマムに向かって増え続けようとする。この増えようとする力を利用すれば、一定量漁獲してもその魚種の資源は回復するので減ることがない（SY）。半面、その一定量以上を漁獲すると資源は減りますよ、資源を減らさないようにするには、どれだけの漁獲量が適切かを算出して、その適切漁獲量を維持することが資源管理ですよというのがMSY理論だ。これを銀行預金の利子だけ使っていれば預金額は減りません、と説明する人もいる。

この理論はなるほどと思わせられるが課題はいろいろある。例えば、先のイワシ資源のように、環境の変化に大きく左右される魚種には当てはめにくい難点がある。また、人の場合は、現代の日本のように戸籍登録で人口を把握できるが、海の中に住む魚の場合はそうは行かない。人の場合の人口は魚では個体数に当たるが、魚の場合は個体数でなく重量で表される場合がほとんどだ。その重量も漁獲量統計値から推定されているに過ぎない。この漁獲量の数値が、その魚の資源量を本当に反映しているかの検証も必要なのだ。そんなこともあって、MSY理論は、一見素晴らしいが過信してはいけない考えである。そうかと言って、現実には、ある魚資源を衰退・枯渇させるような漁獲量は避けねばならないと言うのが現在抱えている問題である。それだけに、レジームシフトやMSY理論の発展に期待されるわけだ。

第三章　開校・引揚・再興

釜山高等水産学校→釜山水産専門学校→水産講習所下関分所→第二水産講習所→水産講習所→水産大学校と名称変遷を経ながら現在に至っている同校同窓会「滄溟会」の会誌『滄溟』は、昭和二十八（一九五三）年に創刊して平成二十九（二〇一七）年三月現在までに一一七号を発刊している。同誌には、会員の教官や卒業生などが回顧したり、その時点での課題を論じたりした記事が掲載されている。各号わずか一〇数頁から三〇頁ほどだが、それらの中に釜山時代を始めとする過去の回顧記録などが断片的に出て来る。

本章では、主にこの同窓会誌『滄溟』の断片的な記事を基に、関連文献などを織り交ぜて釜山高等水産学校の開校から戦後の引揚げまでを系統立てて整理した。『滄溟』の中には、次項に転載した清水泰幸の記述のように整理された文章もある。これらの文章は、その出所を明記して転載させていただいたが、数多い断片的な記事の一つ一つは、煩雑になるので適宜出所を割愛させていただいた。

なお、朝鮮半島について第一章・二章までは、朝鮮総督府時代に称されていた朝鮮と記述して来たが、本章以降は、原則として、終戦までを朝鮮と記述し、終戦後からソウルに首都がある大韓民国を韓国、平壌に首都がある朝鮮民主主義人民共和国を北朝鮮と、それぞれ現在の通称で記述する。ただし、文章の流れによっては、朝鮮の記述の方がわかりやすい場合もあるので、適宜朝鮮の記述も併用した。

受験生

どういう人が釜山高等水産学校に入学したのかというと、朝鮮半島からは、高等水産学校を釜山へ誘致する期成会で尽力された税田谷五郎をはじめ、東海地区も含めた期成会のメンバーなど日本人漁業関係者の子息、現在の韓国と北朝鮮を合わせた朝鮮人だった。内地からは、北海道、東京都、高知県、三重県などかなり広範囲からきているが、後述するとおり、戦後下関に引揚げて来た学生の多くは西日本出身者だった。ただし、細かく日本の内地のどこの出身かと言えば、釜山時代の入学関係資料が、終戦直後、米占領軍に没収されて残っていないのでわからない。

昭和十六年入学の一期生は戦争前の受験だが、二期生以降五期生までの人は戦時中の緊迫した世相の中で受験しているわけだ。ただ、釜山時代の受験生に関する具体的な記録らしい記録は、昭和十九年に受験した四期生の清水泰幸が、同窓会誌『滄溟』八二号[51]に「海峡を渡った旧制中学生」と題して投稿された体験記の貴重な一文がある。その他には、山形昌一氏が「昭和二十年三月に函館水産高等学校（注1）を卒業して、釜山水産専門学校の推薦を受けて、福岡市で形式的な試験を受けた」（『滄溟』一〇五号[29]）と簡単な記述があるだけだ。

清水の記事では、内地から釜山まで海を渡って受験に臨んだ経過が記述されている。これは、貴重な受験記録であるので、少々長い文章だが転載させていただく。また、清水は、合格通知に添えられていた入学心得の文書を五七年間も大事に保管されており、別途『滄溟』の八六号[52]に掲載されていたので、こちらも要所だけを抜粋し

注1　戦後の学制改革で水産高等学校になった当時の道立水産学校。

て転載させていただいた。ただし、『滄溟』と本冊子では若干トーンが異なるので、わずかだがそれらの箇所を筆者なりに書き換えさせていただいた。清水は、既に鬼籍に入られているので当人の了解は得られていないことを付記しておく。

「海峡を渡った旧制中学生」（『滄溟』八二号　昭和十九年釜山水産専門学校入学、四期生、清水泰幸）

・動機

わたしは、東京府立中が母校の同僚から田舎だと言われた三重県北部の旧制中学の四年生で釜山水産専門学校を受験した。何故、三重県から釜山を目指したのだろうか。思い起こしてみると、次の背景が浮かんで来る。

尋常小学校の地図を開くと日本は赤、満州はそれと同系色の桜色であって、子供心にも快い誇りを感じたものである。いつどこで覚えたのか「ああ満州の大平野　亜細亜大陸東より……」（「独立守備隊の歌」作詞・土井晩翠、作曲・中川東男（注2））で始まる勇ましい行進曲調の旋律は普通の少年であった私の内で絶えることなく奏で続けられていたようである。

そのころの釜山は、朝鮮を後にして鴨緑江を越えて新天地の満蒙、すなわち満州へ蒙古へと向かう大陸の門戸だった。釜山という音読みの地名も異国の港町を思わせ、漠然とした海への憧れ、水産という字句の男らしさ、そんな他愛もない想いが私を見知らぬ異境へと導いたのだ。

注2　独立守備隊は、南満洲鉄道の守備を受け持っていた歩兵隊。昭和四年の作。

だが、実はそんな純粋な動機ばかりではない。漁撈科には徴兵猶予の措置があり、卒業すれば海軍士官へのコースにも乗れそうだった。決戦体勢が強化され徴兵年齢は二十歳に繰り下げられていた。遠からずみんな戦場に立たねばならぬ、という不安がいつも私たちの心にかかって、どんな職業につき、どんな将来をというような明るい志望を抱きにくかった。

上級学校への進学は一種の逃避であったのかもしれない。釜山に憧憬や希望をかけたことを綴ったが、故金達寿氏は「釜山こそ全朝鮮人の怒りと悲しみの焦点となった所であり、その長恨の歴史を運んだものが関釜連絡船であった」と記している。私の級友、先輩、あるいは後輩にあたる人たちにも当時の朝鮮の方々がたくさんおられる。私が初めてお見受けした先輩も朝鮮の方であった。

・駅長に直訴

入学試験は釜山の本校であった。まず、三重県から下関までの汽車の旅、座席に腰掛けるなどということは考えてもいなかった。二、三度乗り換えて下り東海道線に乗っていた。ところがこの列車は京都で打ち切りだという。軍用列車がしきりに西下しているので、これを先行させるため、しばしばこのようなことが行なわれた。一般列車でも予告なく乗客を降ろして軍用輸送に転用されることがあった。

動かなくなった列車から吐き出されて仕方なく改札を出た。京都駅の構内は途方にくれた人たちで埋まっていた。見れば旅行の緊急性を証明するものがなければ後続の列車にも乗れないと掲示されている。メガホンも叫んでいる。が、私は、どうしても下関まで行かねばならない。

ここで我にもないことを思いついた。「駅長」と厳めしく掲げられた部屋の扉を開け、黒い詰め襟の人に向かって開口いちばん「入学試験を受けに行かねばなりません」。やや不興げに見えたが小さな紙切れをわたされたように覚えている。なにも尋ねられなかった。一分とかからなかった。

京都駅に入ってきた夜汽車は遠くから乗ってきたらしい兵士で充満していた。銃剣や革帯の匂い、濁った空気がランプの鈍い光をうけてよどんでいた。股間に立てた銃身をしっかりと握った軍手が逞しい。疲れているらしく戦闘帽の頭を垂れ、目を閉じて、鉄輪の轟音に聞き入っているが、決して眠ってはいなかった。

・下関

しらじらと夜が明けて、まだ何時間か走ったのち下関に着いた。参宮線、関西本線、東海道線、山陽線とほとんど立ったままだったが疲れも眠気もなく、気分は冴えていた。

駅舎を出て殺風景な街を見た。陸軍の兵士が路傍の広場で太い青竹の束を積上げている。輸送船が沈んだときの救命筏か浮輪の代用であることはすぐ分かった。私が乗れる連絡船の出航は明日である。どこかで一泊しなければならない。父母とすら旅館で泊まった経験はない。

それらしき一軒の前に来た。構えが大きいので気おくれしたが、磨かれた広い敷台の前に立って、「部屋あいていますか」とやった。現れた和服姿の婦人は制服制帽で足にゲートル姿の私を見上げ、「ここは旅館ではありません」。どういうことなのか分からないまま軽い失意と解けぬ謎を抱いて外へ出た。

さっき「旅館」の玄関の鴨居に、私には母親のようにみえる日本髪姿の女性の写真が横いっぱい並んでいて、不思議に思ったことや、応対した婦人の困惑とおかしさを隠した様子に、ぼんやり気がつきはじめていた。それよりも、「旅館」はどこにあるのだろうか。このままでは知らぬ港町で、寒空の野宿、最悪の事態が背後に迫っているように思え、焦りはじめた。私は、宿をさがして歩いた。

・関釜連絡船（カンプヨルラクソン）

乗船客は出航時刻の数時間も前から波止場のひび割れたコンクリートの広場に集められた。「軍人、軍属の方はこちらに来て下さい」と鄭重なアナウンスが何度か聞こえる。残った人たちは、みすぼらしいオーバーなどをまとった人が多く、首をすくめ足踏みしながら潮風にさらされていた。乗船はいつのことか知らされないまま、みんな黙って辛抱強く待ち続け、言われるままに、ぞろぞろと動いた。

どれほど待っていたことだろう、ようやく乗船の列が動きはじめた。見上げる黒い船体にかけたタラップの両側に目つきのきつい男が四、五人立っていて、荒々しく列外に連れ出される人もいた。どんな人を、どんな眼で見つけるのかと思った。戦後もずっと後になって彼等が特高刑事か、そのたぐいであっただろうことがわかった。船内に入ると要所ごとに誘導員が声をあげていて、乗客は次々と肩や背中を小突かれて奴隷のように船倉を下へ下へと詰め込まれていった。

船は夜の海峡に出ているようだった。船底の三等船室に胸と背中を汚い救命具で挟まれた私の姿があった。周囲を見回すとみんな朝鮮の人ばかりのように見え、これは大変なことになったと、にわかに後悔しはじめた。聞き取りにくいアナウンスが船内での乗客の挙動を厳しく戒めていた。救命具を付けていない者は船員から激しい叱声を浴びた。

白い上衣のボーイたちも言葉荒く乗客整理に務めていた。増えてくる不安を静めようと、横の人に声を掛けた。「何時ごろ釜山に着きますか?」。答えは五時頃という、「そんなに」と思って念を押したが、「ああ、うん、そうだよ」とうなずく。一〇時間余りもかかる。それでは、この大きな船に閉じこめられて、この人たちと一緒に沈むか。もう引き返すことはできない。青ざめて動悸を覚えはじめた。

揺れが大きくなってきた。巨大な波の山に持ち上げられ、次はその大きく開いた谷間にどこまでも、どこまでも引きずりこまれてゆく。突然、乗客全員が甲板に上げられた。脱出訓練らしい。海は荒れていた。海面は水ではなく青黒い鉄板の起伏状に見えた。海の上なのに乾いた風が頬を打つ。整列の前を船内帽の数人が通って行った。中ほどに船長らしいでっぷりした人がいた。

少し前に連絡船「崑崙丸」（七八〇〇トン）が米潜に撃沈されたことを知った。それ故にこそ、あの時の重苦しい船内だったのかと思った。時間がかかったのはジグザグコースをとって照準を外していたからであろう。

・釜山

気がつくと、物音が絶えている。船は止まっているらしい。円窓から光がさしている。何の案内もないまま群衆の後について船倉から這いあがり、タラップを降りて釜山の街に出た。初めての異土、清冽な空気と異様な匂いが顔を包んだ。朝が始まっていた。あれは何の音であったか、鳴り続いていたピーという蒸気が漏れる笛のようだった。

ここで私ははじめて先輩の姿を見た。かなり大柄でさっさと歩いて行く。私は本校の徽章をまだ知らなかったが、六稜コンパスの星型の中に高水と読めた。かなり上級生らしく金モールは潮さびていたが紛うことなく先輩に違いない。私は満足してさっきまでの船倉のことはすっかり忘れていた。

・入学試験

前夜泊まっていたのは港のすぐ近くの「桝屋」という小さな旅館だった。四、五人の同じ受験生と同宿になった。この中に漁撈科の宮田君がいた。夜は最後の仕上げとみんな暗記に精出した。「……金属であり酸と化合して塩を作る。焔色反応は黄色である。この元素はなにか」。「ちぇッ、ナトリウムじゃないか、こんな……」仰向けに寝そべって虎の巻を読んでいた彼が顔の上からそれをドタリと投げた。一人だけ異端児がいた。「ここの水産なんかあほらしくて」などと豪語し、みんなを煙に巻く饒舌家だったが、それきり彼を見ない。合格したか「アホらしくて」やめてしまったかと思ったが、宿のかみさんが発表を見ていて「〇〇君はだめだったのよねえ」と言うのを後で聞いた。

裕福な育ちらしく、悪気がなく、遊び友達としては申し分ない悪友になったであろうが、あのときばかりはそうは行かぬ。彼の騒がしさに閉口した私は宿の階段に腰かけ、ひとり一心になって「旺文社」に目をさらしていた。

入試は釜山商業学校で行なわれた。そこは私たちが泊まった旅館の波止場界隈とは一変して、いかにも植民地の都邑らしい、リッチでしっとりした落ちつきを見せる大通りに、部厚い煉瓦塀をめぐらした樹々の緑の中に校舎は建っていた。学科試験の前日かに身体検査が行なわれた。型どおりの身長、体重、視力などのあと、中学生が恐れるM検が待ち受けていた。

学科試験は数学、物象（Ⅰ、Ⅱ）、作文の三科目であった。物象とは当時の文部省用語で（Ⅰ）は物理、（Ⅱ）は化学の改称だった。英語は敵国語だったからか、なかった。

これで清水の受験記述は終わるが、同じ清水が新入生の心得を『滄溟』八六号に記述されているので、当時の釜山高等水産学校が学生を扱った一端を知る参考資料として転載させていただく。

・入学心得

・昭和十九年度新入生心得、昭和十九年参月拾六日

釜山高等水産学校入学ニ際シ必要ナル手続キ左ノ如シ
（中略）
入学ヲ許可サレタル者ハ四月五日マデニ必要ナ左記手続キヲナスカ　アルイハ　入学スベキ旨ヲ
本校生徒課ニ通知スベシ　シカラザルトキハ入学ヲ取リ消サルルコトアルベシ
誓書ハ保証人二名連署ノ上入学当日迄ニ　各通収入印紙五銭添付割印シ　本校ニ提出スベシ
・学校所在地
釜山府大淵里五九九ノ壱　釜山駅ヨリ約八km海雲台温泉ヘノ道筋　電話　五六八九
・交通
釜山駅ヨリ電車乗車　凡一町ニテ下車　海雲台行キバスニ乗車
竜湖里停留所ニテ下車　徒歩ニテ下車　徒歩ニテ約八分
凡一町ヨリ徒歩ナレバ約四十五分
・荷物
荷物ハ腹紙ニ示シアル如ク釜山鎮駅迄トシ早メニ発送セラレタシ
内地ヨリノ者ハ釜山鎮マデノ乗車券ヲ購入スルヲ便トス
（中略）
・月謝ソノ他学校ニ納入スベキモノ
一年分授業料　　　八拾円

（清水解読不明）

・寄宿寮に納入スベキモノ

入寮費　　　　拾円

寮費　壱月分　弐円

食費　壱月分　弐拾壱円

図書費　壱月分　五円

不明ノ点ハ至急本校生徒課へ問ヒ合ワセアリタシ

（以下略）

土井晩翠の話が出たところで本題から少し横道に入る。前述のとおり、海と山に挟まれた三重県の中学生（旧制）だった清水は、釜山水産専門学校を受験する契機の一つに土井晩翠作詞の「独立守備隊の歌」と地図から頭の中に描かれた広大な満州や蒙古の地への玄関口とも言える釜山の地に魅かれたという。余談になるが、その土井晩翠の「独立守備隊の歌」の歌詞は次のとおり。

①ああ満州の大平野　亜細亜大陸東より　始まる所黄海の　波打つ岸に端開き　蜿蜒北に三百里　東亜の文化進め行く　南満州鉄道の　守備の任負う我が部隊

②普蘭店をば後にして　大石橋を過ぎ行けば　北は奉天公主嶺　果ては新京一線は　連山関に安

東に　二条の鉄路満州の　大動脈をなすところ　守りは堅し我が備へ
③黄塵暗く天を覆ひ　緑林風に狂ふとも　鎧の袖の一振れと　降摩の剣腰に鳴る　炎熱鉄を溶かす日も　氷雪膚を裂く夜半も　難きに耐へて国防の　第一線に勇み立つ
④内と外との諸々の　民の環視の的となり　恩威等しく施して　来たるを迎へ同仁の　徳を剣の刃に守る　武人の操いや固め　銻を枕に夜な夜なの　夢にのみ見る永久の栄え
⑤ああ十万の英霊の　静かに眠る太陸に　遺せし勲承け継ぎて　国威を振る東洋の　永き平和を理想とし　務めに尽す守備隊の　名に永遠に誉あれ　名に永遠に栄あれ

これで清水の受験物語等に係る記述は終わりだが、朝鮮総督府時代の釜山と内地との交通関係利用について、考古学者の森浩一氏と古代史研究者の永留久恵氏（一九二〇年対馬生まれ）が対談している『古代技術の復権』(75)（一九九四年　小学館）の中から読み取ることができる。その対談の中で、永留氏は「長崎の師範学校から対馬の自宅へ帰るコースとして、博多から対馬へ直接渡るコースよりも、距離的には遠いが下関から釜山に渡って、釜山から対馬の佐須奈港へ渡る航路の方が便利だった」と言っている。つまり、釜山は外地という感覚でとらえられていなかった。戦時中、三重県から受験した清水にとって、釜山は遠い地であったとしても、下関に近い中国地方や九州在住の人からみれば、東京より近くて便利な地だったのだ。

入学試験地と学園生活

昭和十九（一九四四）年に入学した清水が、釜山水産専門学校を受験した場所は、先述のとおり釜山商業学校だったから同じ釜山市内だったが、昭和十六年四月入学の釜山高等水産学校開校一期生の入学試験は、京畿道の水原高等農林学校（現在ソウル大学校農業科学生命大学）だった。水原《スウオン》と釜山《プサン》の距離は地図上の直線距離で三〇〇キロ弱だから、おおよそ東京と名古屋間の距離で、釜山と下関までの距離二三〇キロ弱より遠い。水原市には、京城と釜山の間を走る京釜鉄道（一九〇五年開通）の駅があったとは言え、釜山に第一試験場があっての第二試験場ならともかく、現代感覚でも三〇〇キロはかなり遠い。おそらく、当時、釜山高等水産学校は、まだ建設が始まったばかりで試験会場に使える建物もなかった。だから、朝鮮総督府殖産局は、同局の管轄だった水原高等農林学校を窮余の策とし試験場に使ったのだろう。釜山水産専門学校に建物がなかったことや、ない中での入学式や授業開始については、第一期生の木谷益邦を始め多くの卒業生が同窓会誌『滄溟』で異口同音に述べている。それらを総括すると次のようになる。

入学式は、昭和十六年五月十六日に学校近くの大渕里海岸の石浜に張ったテントの下に学生を招集して行われた。その入学式で、来賓祝辞や田中耕之助校長の挨拶の後に、松生義勝教頭から「いつまでも飴はしゃぶらせない。明日から朝鮮半島の水産振興の担い手として教育する」という宣告があった。その後、朝礼が毎日欠かすことなく行われ、田中校長は「海を耕すのが水産人の使命」あるいは「百年の計をもって海を耕す」と繰り返し訓辞されたという。この田中校長の訓辞は奥が深く、戦後内地に引揚げ、新制大学制度の下で、文部省所管の新生山口大学の水産学部を固辞し、農林省所管の水産講習所を選んだことにも結び付いている。このことについて第四章で説明する。

話が横道にそれたが元に戻す。一期生にとって釜山高等水産学校は、仮校舎も出来てないからもちろん教室もない。そんな状況で明日から何が始まるのかと期待と不安を抱いていたら、一期生入学者の漁撈科二一名、製造科二二名、増殖科九名を合わせた五二名の学生の授業は、翌日からの釜山市内の水産関係施設の見学で始まった。総督府水産試験場を手始めに、魚市場、製網工場、製氷工場、皮革工場、製缶工場、缶詰工場、油脂工場などを案内してもらった。教室を使っての講義は、釜山にあった漁業組合連合会（注3）の会議室を借りて行われた。講師は、朝鮮の各地各施設から派遣されて来た。その後も、大渕里の仮校舎が竣工するまでは、釜山南浜に所在する慶尚南道水産試験場が教室に当てられた。

毎日の見学が一通り終わると、乗船訓練が行われた。と言っても、まだ学校に練習船などない。水産試験場が調査船として使っていた「照風丸」（注4）を改造して五〇名の学生が寝起きできる二段ベッドが設けられていた。当時盛漁期を迎えていたサバ巾着網を中心に、沖合での操業状況の見学と各地の港訪問だった。船に不慣れな学生たちは、海上に出ると船が大きなうねりに翻弄されて、瞬く間に胃袋が出てしまいそうな嘔吐に見舞われた。サバ巾着網見学もまともに

注3　一九三〇年に朝鮮漁業令が施行されて、朝鮮の臨海一二道にそれぞれ漁業組合連合会が設立されていた。

注4　昭和一一年竣工、一〇一トン、咸鏡北道の西水羅港を根拠とし沿海州方面の出漁船監視及び保護に使用。昭和一八年海軍が借用し、一九年にフィリピンのコロン湾タンガット島北東で空爆により沈没。

写真３　釜山校舎
（『五十年史』より転載）

できない状態で、ともかく一刻も早く船が港へ入ってくれることだけを願った。これが松生教頭の言う飴をしゃぶらない水産教育の第一歩の洗礼だったのだ。

やがて夏になると、水産人としての体力と気力を身体で覚えるための夏季実習と称される訓練が始まった。実習期間は四五日で、来る日も来る日も水泳、和船やカッター（ボート）を漕ぐ訓練、それに銃剣術の連続だった。とは言っても、体育館もグランドもまだできていないから小学校の体育館を借り、水泳は、夏とは言え水温が低い統営湾で行われた。その他にも秋になると海雲台までのマラソン、教練の慰労を兼ねた兎狩、それに座禅も行われた。

昭和十六（一九四一）年に開校した当初は、田中耕之助校長、松生義勝教頭と植物の松島先生の三人だけだった。五月になって千葉卓夫先生が着任された。その後、豊田正謙先生と峯村三郎先生、やや遅れて神谷鐘吉先生が単身赴任された。教職員の住宅もなかったから三人は一年間ほど松生先生宅でお世話になっていた。

その一方で、第一期生の学生生活は、釜山市西部山麓の谷町に集合した寮生活で始まった。そうこうしているうちに、大渕里の浜にバラックの仮校舎が出来たので、寮からそこへ通うようになった。後に専門学校としては東洋一と賞せられるくらい豪華な建物（写真3）になったが、当時は、まだその片鱗も見えなかった。やがて校旗が出来たので学校がある大渕里の浜から一日かけて釜山中央まで行進した。学校から釜山の町に出るには、約半里歩いて門硯（見）里という小さな峠を越さねばならなかった。

先生も次々と増員され、少しずつ本格的教育が受けられるようになってきた。一年ほど経って和船が出来て来た。だが、それを係留する停泊地がない。艇庫の前の海を教職員と学生が一緒になって掘削作業などをやり、翌年に和船二艘を浮かべることができる停泊地が出来上がった。

創設以来の日は浅いが、釜山郊外の水営湾の奥深くにある龍湖の丘に連なる白砂青松の広大な地に、少しずつ建設されて行くキャンパスと教職員と学生が一体となった建設的な共同生活で、活気が満ちあふれていた。昭和十七年に二期生が入学してきた頃には、立派な二階建ての寮も校舎も建ちキャンパスも本格化して来た。地方の旧制中学から親元を離れて、それまで抑圧されていた空気から一転して新進の意気に燃える全寮制の学園生活に入り、自由闊達、貴重な青春時代を謳歌できた。戦争中の釜山での食事は、内地の一般家庭に較べると極めて贅沢だった。

ところが、三期生が入学して来た昭和十八（一九三八）年に、北寮一棟を火災で失った。残った寮は、中寮と玄関が付いていた寮の二棟だけになった。製造科の三期生（一年生）三〇名は、玄関付の寮の二階にあった座禅室に一緒に入れられた。一人一畳か一畳半しかなかったので布団を敷くと机も置けない状態になった。

終戦時までの卒業生

昭和十六（一九四一）年に開校した釜山高等水産学校は、昭和十九年に釜山水産専門学校と改称された。だが、翌昭和二十年八月の終戦で、同校施設は没収され、日本人の教職員と学生は、内地へ引き揚げたので、同校が釜山に在った期間はわずか四年余月の短期間だった。

ところで、釜山水産専門学校は現在の水産大学校に引き継がれているわけだが、その経緯は後ほど詳述するとして、水産大学校同窓会の「滄溟会」が発行した平成二十五年版同窓会名簿を見ると、昭和十六年の釜山高等水産学校から現在までの卒業生の氏名が物故者も含めて掲載されている。その中で、釜山時代に入学試験を受験して入学した人は、昭和十六年入学の一期生から二〇年入学の五期生までだけである。卒業生名簿だから卒業後の物故者名は載っていても中途退学者や学徒出陣して戦死された方の名前は出ていない。

例えば、昭和十六年度の入学者は、一期生の木谷益邦によると、漁撈科二一名（定員二五名）、製造科二二名（定員二五名）、養殖科九名（二〇名）の都合五二名入学だったそうだが、同窓会名簿の卒業者数では、漁撈科一六名、製造科一八名、養殖科八名の四二名しか記録されていない。この入学者数と卒業者数の差一〇名減は何だろうか。高等水産学校を釜山への誘致に尽力された税田谷五郎の話によると、子息は一期生として入学したが戦死されたので、卒業者名簿には記載されていないそうだ。全てが学徒出陣などで戦死されたというわけではないだろうが、この一〇名減は、戦時中の学生が置かれていた戦争の悲哀状況の一端を表していることは確かだ。この学徒出陣については後述する。

ここで卒業するまでの修学年数が入学年次によって違うことを説明しておく。昭和十六年度入学の一期生は、終戦前の昭和二十年三月で四年間の修学を終えての卒業であるが、二期生、三期生は、それぞれ三・五年、二・五年の修学で繰り上げて卒業させている。これは戦後の混乱期ならではの便宜的対処だった。四期生、五期生は(注5)、内地に引揚げた後、農林省が管轄していた水産講習所に転入学させることで対処されたが、現実には、彼らの多くが西日本出身ということもあり、また、当時の交通事情に照らしても東京にある(正確には横須賀市久里浜)水産講習所に移り住むことの不便さもあって、これも便宜的対処として下関市に水産講習所下関分所を開設して修学させている。この件についても後で詳述する。

次に、先の卒業者名簿に記載されている一期生から三期生までを基に釜山時代の日本人学生と朝鮮人学生との比率を見てみる。なお、朝鮮人学生の卒業生氏名は、三期生までを釜山水産専門学校卒業生として「滄溟会」の会員名簿に記載されているが、繰上げ卒業の対象外だった四期生、五期生として釜山水産専門学校に入学した朝鮮人は卒業者名簿に記載さ

注5　四、五期入学生は、内地引揚後、東京にあった水産講習所の下関分所に転入学したこともあって、現東京海洋大学の同窓会名簿に水産講習所下関分所一期生、二期生として掲載されている。

れていない。入学者名簿でなく卒業者名簿だから戦後は日本の管轄外になったのでやむを得ないのだろうが、ここにも戦争の悲哀が残っている。

こう言った不完全な卒業者名簿ではあるが、後ほど説明する日韓親善交流に関係して来るので、釜山水産専門学校における日本人と朝鮮人の学生比率を参考のために一期生から三期生までを掲げておく。

釜山時代の一期生から三期生までの卒業学生数を、氏名から日本人、朝鮮人を識別すると次のとおり。開校した初年の昭和十六年入学の一期生は、朝鮮人構成率三〇％余（四二名中一三名）だったが、翌年の二期生は一五％余（六四名中一〇名）、三年目の三期生は一〇％（七九名中八名）と年を追って減っている。これは、主に漁撈科の学生の比率が下がったことによる。漁撈科の学生は、航海士として船に乗るので海軍予備学生の対象にされていたが、当時の日本海軍が日本人しか採用しなかったので朝鮮人の漁撈科入学に制限を設けたのだ。そういうこともあって、昭和十七年入学の二期生以降の朝鮮人漁撈科卒業生は十六年度六名、十七年度一名、十八年度ゼロと減じたのだ。漁撈科以外の製造科と増殖科には、一期生から三期生まで二〇％から二五％余の朝鮮人の卒業生がいる。この学生比率は別にして、戦後、日韓国交が回復するとこれらの日韓の同期生は国境のない「やぁ、やぁ、やぁ、おう、おう、おう」の仲間として同窓会を楽しみ、昔培った友情を交歓している。この日韓同窓会の交流は後輩にも引き継がれ、国境を超越した両国の親善交流が行われている。この詳細は第五章で紹介する。

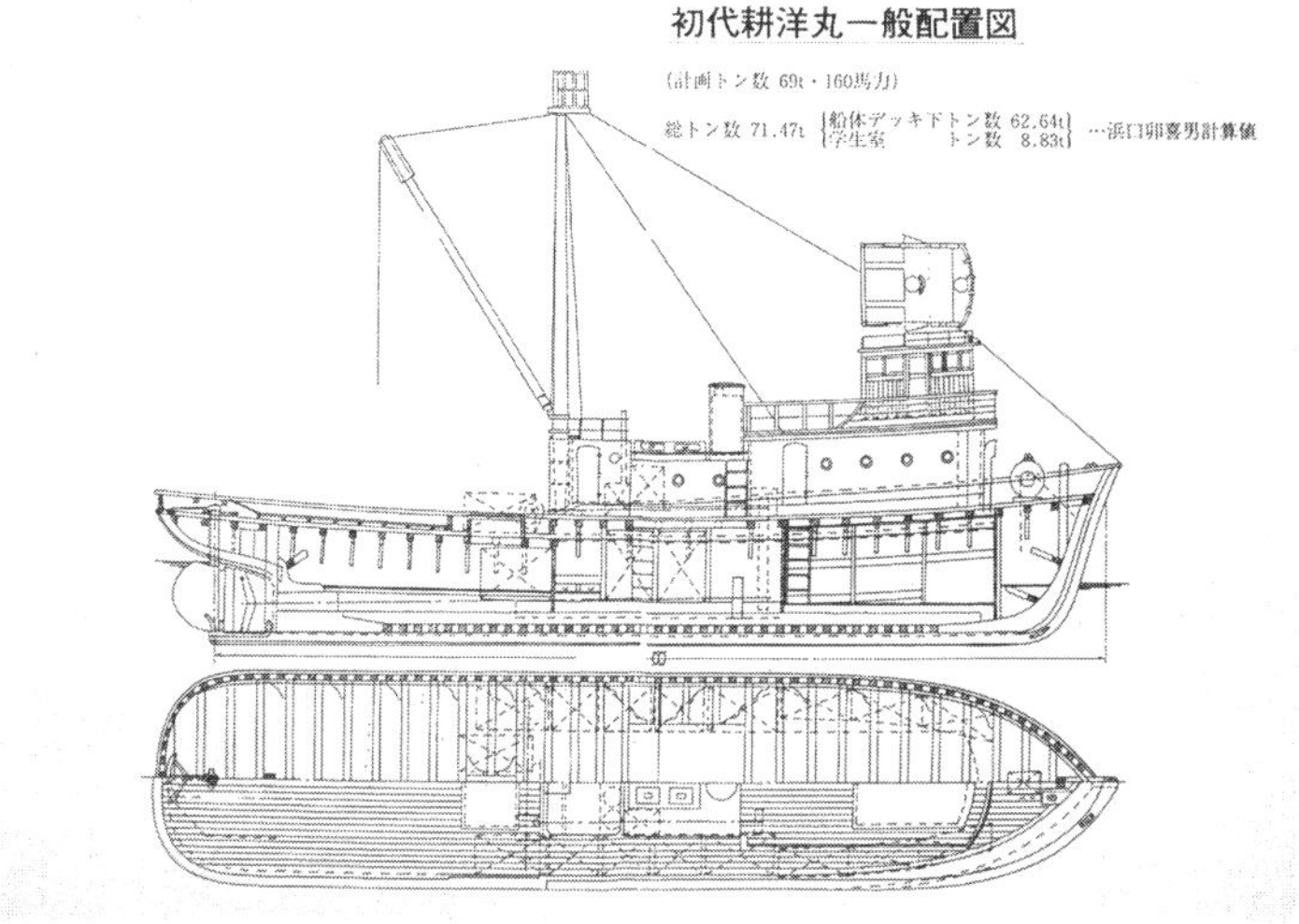

図３　初代耕洋丸一般配置図

練習船初代「耕洋丸」

学校創建から三年過ぎても、学校には、漁撈実習などに必要な練習船はまだなかった。だから、短期間の実習は取締船及び調査船の「あさかぜ丸」(一五〇トン)、「てるかぜ丸」(二七〇トン)を一時借用して行われたが、これらの船は正式の練習船ではなかった。

やっと、昭和十九(一九四四)年九月に、鳥取市賀露町の石黒造船で総トン数七一・四七トン、長さ二二・五〇メートル、幅五・一五メートル、深さ二・五五メートル、ディーゼルエンジン一六〇馬力搭載、一〇〇缶入り油槽二、三〇缶入り油槽一、一〇〇缶入り水槽一、巾着用ウインチ、手繰り用ウインチ搭載(『五十年史』[54] 一般配置図)(図３)の木造の練習船が建造された。初の練習船だ。船名は「耕洋丸」と命名された。命名の経緯については、田中校長の後日談があるので後述する。新船耕洋丸の受け渡しには、船長以下乗組員に加えて漁撈科第一期生も下関から陸路を伝って鳥取の石黒造船に同行した。本船を受け取ると、途中、鳥取県の境港、山口県の萩港に寄港して、十月上旬、釜山に入港した。

学校の沖合に初代練習船耕洋丸が、その姿を現すと学生たちは、胸を躍らせ、目を輝かした。若さあふれる学校の気風を反映して、主な設備は、漁撈実習のための旋網《まきあみ》、手繰網、棒受網、流し網ができる造りだった。当時、日本や朝鮮半島近海では二艘旋網で操業していたが、先にも触れたように、北欧海域で操業して実績を上げていた一歩進んだノルウエーから学び取った一艘旋網の装置を導入していた。これは朝鮮近海のイワシやサバ漁を念頭に置いて採り入れたのだ。その他、小さいながらも講義室を備えていた。だが、船内は狭く学生のための寝室を設ける空間がないので、必要な時は雑魚寝せざるを得ない船だった。

初代練習船耕洋丸を建造するには機関（エンジン）が不可欠である。だが、昭和十九年と言えば、終戦の前年で太平洋戦争真只中だ。そんな時、練習船のためにエンジンを入手することは、まずできない。それでも初代耕洋丸は新しいエンジンを備えて進水できた。今から考えると、よく調達できたものだと思う。そのエンジン調達は、現代風に言えば、次のとおり水産講習所のネット（コネ）が働いたからできた、ということになる。

エンジンは、咸鏡北道の清津にあった井川水産工業株式会社井川勝社長が新潟鉄工所に預けていた秘蔵の一基を譲り受けたのだ。井川社長との交渉の橋渡しは、当時、清津の水産試験場の吉田裕場長が果たしてくれた。吉田場長は、水産講習所の出身だから情報網が発達していない時代であっても釜山水産専門学校の水産講習所出身のスタッフとツーカーだったのだ。このエンジンが入手できなければ、初代耕洋丸の存在もなく、また、当然、後述する戦後の引揚での活躍もないわけだけだ。なお、その吉田場長は、後に下関で第二水産講習所に赴任され教授として教壇に立ち、貝類種苗学の権威者となった。

処女航海は、昭和十九年秋、生物学の千葉卓夫先生が引率して対馬の比田勝へレセプションを兼ねた練習航海だった。その後は、翌昭和二十年に一か月ほど釜山から麗水（隣接地）への航海をしたが、これが学生を乗せた実習航海の最後で、当時の事情により、この二航海の後は、燃料も漁網もなく操業実習はやれなかった。静かに釜山港内や慶尚南道にあった水産試験場近くの島陰に係留されていた。

このように、学生の心を躍らせた練習船初代耕洋丸だったが、活躍の機会がないまま終戦を迎え、戦後、釜山から内地への学生たちの引揚で、釜山と山口県の萩港を三往復した後、韓国に接収されて、その後についてはわかっていない。なお、この学生たちの引揚げについては後ほど詳述する。

ところで、練習船初代耕洋丸の写真は一枚もない。それは、当時、釜山が日本の要塞地帯だったため、勝手に写真を撮ることが禁じられていたからだ。では、初代耕洋丸が一艘旋網船の構造をしていたことがなぜわかるかと言えば、初代耕洋丸の主要寸法はあったので、実際乗船した記憶をもつ卒業生数人が、その後、プロとして漁業に従事した経験などを持ち寄って、船型、及び機能など

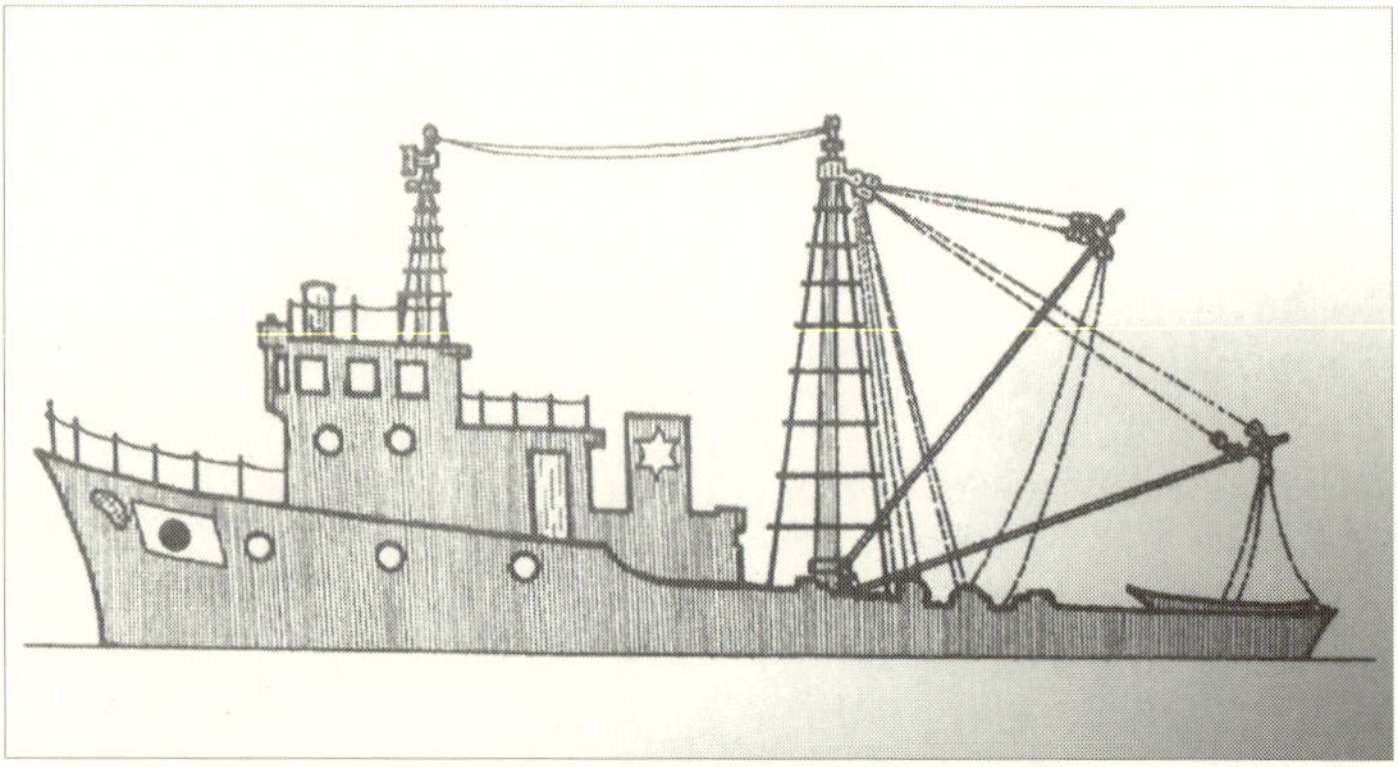

図４　思い出の「初代耕洋丸」の絵
（『滄溟』より転載）

を思い起こしながら、また、旧式の一艘旋網漁船を思い起こしながら描いたのが、「思い出の初代耕洋丸」である（図4）。

練習船「耕洋丸」の命名

練習船「耕洋丸」の船名は、釜山時代に田中耕之助校長が付けた。ただ、この「耕洋丸」の耕の字が耕之助の耕だから田中校長が自分の名前の一字を入れたという見方があるが、そんな料簡の狭い考えではなかった。既に触れたとおり、田中校長は、戦前の昭和十六（一九四一）年に釜山高等水産学校が開校した当初から「海を耕すのが水産人の使命」と繰り返し訓辞している。なぜ「海を耕す」必要性を主張したのだろうか。因みに、栽培漁業の言葉が定着するのは、戦後も一九六〇年代に入ってからである。国が全国の都道府県に栽培漁業センターを創り始めたのは昭和五十二（一九七七）年である。田中が「海を耕す」ことの大切さを悟ったのは、それより三〇年から四〇年ほど前になる。練習船「耕洋丸」の船名の耕の字はこの「海を耕す」から採ったことを田中自身が

『滄溟』六号(57)で述べているので全文転載させていただく。ただ、転載に当たって、現代常用漢字にない文字などをカナ書きに改め、また、一般には説明を要する用語などにはカッコ書きで加え、その他句読点や鍵カッコ等も加えさせていただいた。

私はよく人から、今度出来た水講（水産講習所）の練習船にはあなたの名前が付いていますね。と、さも私が勝手に自分の名を用いたような質問を受けることがたびたびあるので、まことに心外に堪えないのである。いささかここに弁明して誤解を解きたい。

新船の船名については、建造の当初から話題に上って居ったのでいろいろ意見が出ていた。ビキニ調査で世界的に勇名を馳せた「俊鶻丸」を継承するのがよいとか、由来、農林省の所属船には鷹の字を使う慣例があるから「鷹丸」ではどうか、一般から公募するのがよいとか、其の他いろいろな話が出て居ったのである。

ところが、昨年（一九五八）四月（東京水産大学学長の）松生（義勝）新所長を迎えるに就いて水産庁長官が辞を低くして先生の出馬を懇願された際、松生先生は、自分が所長を引き受けるからには、自分が希望する条件が満足されなければ承知出来ぬと言われ、その一つに、今度建造される練習船の船名は釜山水産専門学校の練習船「耕洋丸」を継承して欲しいと言うのがその一つの条件であった。

さだめし松生先生としては、下関の水産講習所が釜山水産専門学校の延長であり、これが再建されたものであるということを何らかの形で後に残したいと言う親心から特にこのことを主張されたのだと思う。

それであるから「耕洋丸」という船名が今度初めて生まれたわけではないのである。そこで釜山水産専門学校の練習船「耕洋丸」という船名の出どころであるが、それは先年釜山高等水産学校（水産専門学校）が創立されて間もない頃、学生の一人が練習船欲しさのあまり小さい船のモデルを作って「これに船名を付けてくれ」と言って私の手元に差し出したことがあった。

その時、私は筆を執って「耕洋丸」と書いたのが大変好評を博し、その後に新造された小型練習船にこの船名が付けられたのである。それで、私がなぜ「耕洋丸」という船名を付けたかというと、これには少し理由があるのである。

話は違うが、私の名前は、ご承知のとおり全く百姓に似合う名前で本来なら農学校へでも入った方がよかったかも知れなかったのだが、どういう間違いであったか水産講習所に入ったため名前の手前いつも肩身の狭いような思いがしたものだった。その後、たまたま私が欧米の水産を見て歩く機会を与えられた。

私が漁撈の出身（水産講習所で学んだ学科）であるから何か新しい漁法についてヒントをつかみたいという気持ちで各地を見て回ったが、不幸にしてどこへ行ってもこれという獲物を得ることが出来ずむなしく帰って来た。むしろ行く先々で水産は日本の方が進んでいる、日本ではどうやって獲っておるかと逆に質問されて恐縮した。

教わるつもりが、かえって教えて歩いたというような結果になったが、しかし、一方においては、漁業はただ獲ることばかり考えても駄目だ、獲る前に、まず殖やすことを考えろ、魚さえ殖えれば労せずして獲れるのだ、ということを厳しく教えられて来たのである。

私は、渡米の第一歩でシャトル（ワシントン州 Seattle）に上陸した。その目的の一つはワシントン大学に設置されていると聞いて居った漁撈学科をかねて見たいと期待して居たからであったが、行ってみると、この漁撈学科は既にその前年に閉鎖されて生物学科に代わって居ったのである。聴いてみると、漁撈の時期は過ぎた、漁業の発達は資源の研究涵養にあるという考えに依ったのだということであった。

果たして、当時、既に米国では徹底的な繁殖保護を行って居た。その漁業取締の如きも、実に至れり尽くせりで稚魚の採捕や無駄な漁獲を厳しく禁じて居ると同時に、常に漁獲の現状と資源の関係を調査、勘案して適正な漁獲量の規制が厳重に行われておるのである。このことは米国ばかりではない。欧州諸国もみな同様である。独逸には「海の魚も種子を撒いてから獲れ」という標語さえ出来て居た。

こうした情勢の間に、処選ばずただ獲ることをばかりを考えて来た我国の漁業が侵略漁業の焼印を捺される様になったのもまた無理のないことと思う。私が唯漁撈のことばかり考えて世界を歩き回ったことがむしろ恥ずかしくなった。

その時から私は、自分の名前があながち百姓ばかりに通用するのではなくて、今後の水産は正に耕作の時代でなければならぬということを固く信ずるようになった。こうしたことから「耕す」ということこそ今後の漁業に課せられた大きな使命でなければならぬという考えで「耕洋丸」としたのであって、ただ自分の名前を取って付けたというのではないことを弁明しておきたい、と同時に、新練習船「耕洋丸」が此の使命に向かって大いに活躍し、その責務を充分に果たしてもらいたいと念願してやまぬ次第である。

学徒出陣と証言

昭和十六（一九四一）年十二月に太平洋戦争が始まったわけだが、それでも昭和十八年十二月までは、戦時中とは言え、釜山高等水産学校の学生たちは、校舎の未完成、借り物の練習船など不自由な点はあったが、それでも、青春を謳歌していた。だが昭和十八年十二月から徴兵制の対象になり学徒出陣が始まって、それまでと一変した青春時代が始まった。

それまでも日本の男性は、「兵役法」（昭和二年法律第四七号）の第一条で「帝国臣民タル男子ハ本法ノ定ムル所ニ依リ兵役ニ服ス」に基づいて兵役が義務付けられていた。但し、旧制の帝国大学、高等学校、専門学校などの高等教育機関の学生には、第四一条で、本人の願があれば、満二十六歳を限度に学業修業年限兵役に服さなくてもよいと定められていた。

ところが、戦争が激化した昭和十八年になると、「在学徴集延期臨時特例」（勅令第七五五号）が公布されて、この学生徴集延期の定が「当分ノ内在学ノ事由ニ由ル徴集ノ延期ヲ行ハズ」と変わって、高等教育機関の学生に対する徴集延期措置は停止された。さらに、昭和十八年十二月二十四日に公布され即日施行された「徴兵適齢臨時特例」（勅令第九三九号）で、徴兵適齢が満十九歳に引き下げられた。

この徴兵対象者拡大で旧制の高等教育機関の学生が出陣する学徒出陣が始まったわけだが、初めに学徒出陣の対象となったのは、主に文科系学生だった。彼らは学校に籍を置いたまま休学とされ、徴兵検査を受けて入隊した。理科系学生は、戦争が続く限り兵器開発や軍に必要な技術を身につける人材として文科系と仕分けられたのだ。ただし、農学系の中でも農業経済などは文科系と同一扱いをされた。

釜山高等水産学校では、まず、養殖科の学生から入隊が始まり、その後、漁撈科の学生も、製造科の学生も次々と徴集されて行った。大海原で活躍する意気込みや水産物の食品加工や工業製品の生産に夢を抱いて青春を謳歌していた学生の全てが軍に従事する時世になったのだ。学校での軍事教練は日ごとに熱を帯び、海の学校としての厳しさの中で鍛えられた学生たちは、次々と学業半ばで学徒出陣して行った。

召集令状を受けた学生が襷をかけて出陣する時は、在学生たちが学校の近くにあった竜王神社まで校旗を先頭に行進参拝して武運長久を祈願した。昭和十六年入学の一期生のほとんどが卒業式を待たずして、あるいは、卒業直後に出陣して行った。それに二期生以下五期生までの出陣がつづいた。

一期生漁撈科の立川猪一郎の回顧だと、出陣後、旅順特別根拠地隊に予備学生として入隊し、土浦気象学校、鎮海の魚雷艇隊と移ったが、その間の、月月火水木金金の猛訓練に兵学校出身者でも歯を食いしばって苦しんでいたが、釜山高等水産学校の実習や軍事教練で鍛えられていたので、それほど苦しく感じなかったと言う。

その鍛えた教官の一人が千葉卓夫先生で旧制北海道帝国大学の動物学教室を出て釜山高等水産学校で海洋動物学の講義をするとともに、海の男として生き抜くために水泳、潜水、飛び込み、カッターボート漕ぎなどの実習で学生を鍛えていた。時には真冬の海に飛び込ませることもあった。その千葉先生は、昭和十九年八月に招集され将校として釜山高等水産学校の将校として配属されると本格的に軍事教練の指揮を執った。戦時態勢とは、学生時代にスポーツの選手だったとは言え動物学の先生までが軍事教練をする時代になるということだ。

学生たちが出陣した先はいろいろで、以下、出陣先などを回顧して『滄溟』に投稿された言わば生の声を拾い出し列記しておく。ただ、ここで忘れてはならないことは戦死された同窓生は回顧も投稿も出来ないということだ。先に触れたとおり、一期生漁撈・製造・養殖科合わせて五二名と書いたが、卒業者名簿には四二名しか載っていない。その差一〇名減の内訳はわからないが、戦争が絡んでいる時代だけに、おそらく出陣後戦死した学生が多かったものと思われる。なお、列記した皆さんは既に鬼籍に入られている。

・一期生養殖科の高井徹

昭和二十二年十月に、ソ連での抑留生活を終え、奇しくもタンボフ、カザン両収容所で母校教頭の松生義勝先生の御子息と一緒だったので、そのことを松生先生に伝えるため、当時、神奈川県横須賀市の久里浜にあった第一水産講習所の所長だった松生先生を訪ねた。その時、松生先生は下関市の第二水産講習所（旧釜山水産専門学校）の田中耕之助所長にも顔を出すように勧められた。田中所長にあったのが縁で母校に奉職することになった。

・二期生製造科の国廣淳一

終戦直前に海軍学校に入ったが、間もなく復員となったので、軍服その他の支給物資をかかえたまま焼津駅で乗っていた復員列車を降りて、その日のうちの市内鰹節会社に就職した。三年半ほど修学していた釜山水産専門学校は、繰り上げ卒業していたことをこの年の九月に知った。

・二期生製造科の大庭安正外

学徒出陣とは別に、軍需工場などへ派遣されて働く学徒動員もあった。昭和十七年入学の二期生製造科の大庭氏ら五名は、朝鮮製油株式会社で学徒動員中に終戦を迎えている。

・二期生養殖科の鶴田新生

昭和十九年八月十五日釜山水産専門学校三年生の時、陸軍特別操縦見習士官として宇都宮陸軍飛行学校前橋分教所に入校した。グライダー操縦などの基礎訓練も束の間、所沢整備学校、さらに満州第二気象連隊に所属した。当時の満州国新京で終戦を迎え、武装解除され、シベリアのイルクーツクで捕虜として抑留生活を送った。

食糧が少なく、全ての行動が制約監視され、極寒地での重労働の二年間の非情な生活は、元日本兵にとって、精神的にも肉体的にも、これ以上の苦労はなかった。尽忠報国、滅私奉公など熱血たぎらせた情熱は冷却してしまい、食事の量が少しでも多くなることと、日本への帰国が一日でも早いことを願望する毎日だった。この捕虜生活で戦争が如何に不幸をもたらし、平和であることが人生にとって如何に幸福であるかを痛感した。そして人間社会では「和」が如何に大切であるかを悟った。

・五期生養殖科の岡本仁

昭和二十年、釜山水産専門学校（釜山高等水産学校を改称）に入学したが、出陣して広島の暁二九四〇部隊（陸軍船舶司令部付潜水輸送教育隊）の陸軍予備生徒として配属された。ベニヤ板製の特攻艇に乗る要員と言われていたが、終戦になり命拾いをした。

終戦とその情報

話は前後するが、田中耕之助（元釜山水産専門学校長）の回想（『五十年史』）によると、玉音放送があった昭和二十年八月十五日の学校は、一年生に水泳やカッターボート漕ぎなど海で生きて行く基本を教え込む夏季実習をやっている最中だった。だが、正午にラジオで重大放送があるという予告を受けていたので、学生を寮の食堂に集めた。海から上がったばかりの学生たちは、まだ、水泳用の褌姿の裸だった。玉音放送を聴き終えた学生たちはもちろん、田中校長自身も目の前が真っ暗になったそうだ。だが、田中校長は、直ちに在校中の学生を校庭に集めて「いたずらに動揺することなく、堅く軽挙妄動を慎み、学校より何分の指示をするまでは、このまま学校に留まるように」と訓示している。

翌十六日、田中校長は、学校を管轄している朝鮮総督府に出向いて今後の釜山水産専門学校への指示を乞うたが、具体的な指示は何も出されず、総督府が確たる方針をもっていないことだけが確認できた。やむなく、田中校長は躊躇している場合ではないと考え、校長の責任として最善の方法をとって教職員と学生の生命財産の安全を図る以外にないと判断して、直ちに教官会議を開いた。

会議の中で、当時、学校に教練などのために配属されていた陸軍大佐の将校が、内地へ引揚げる日本人の安全を守るために武装して学校に籠り、釜山の治安に当たろうという籠城論を主張した。配属将校に逆らえない時勢であったにもかかわらず、この時ばかりは、日ごろ温厚な学生部長が真っ向から反対した。こんなこともあって会議は二日に及んだが、最後は田中校長の裁定で、学校として独自に学生、職員およびその家族の生命財産を守るために即時引揚げることとして、次の二つのことを決めた。

一、学生は練習船耕洋丸を以って逐次内地へ引揚げさせる。帰港地は山口県の萩港とする。教職員並びにその家族は責任者を残して随時引揚げる。

二、学生の今後の修学については、東京の農林省水産講習所と協議する。このために松生義勝教頭は耕洋丸の第一便で萩港に上陸し、ただちに上京して折衝に当たる。

釜山水産専門学校が、この練習船耕洋丸を使って独自に引揚げる策を講じた背景には、八月十五日前後に、朝鮮総督府が置かれていた状態が関わっている。具体的な引揚げについては後述するとして、その前に、学校が独自判断を採るに至った当時、総督府が入手していた情報と当面していた課題、それに、日本人の引揚状態について検証する。

一九四五年八月十五日を終戦として、その前後の朝鮮総督府の主な動きを見ると、同年五月八日にドイツが連合軍に降伏した。その五月八日から八月二日までの間、連合軍は、アメリカ西海岸のサンフランシスコから短波を使って、日本語で日本に無条件降伏を勧めるザカライアス（Zacharias）放送を一四回行っている。この短波放送の受信状態について、『朝鮮終戦の記録』[77]（森田芳夫・長田かな子）によると、当時、日本では短波受信ラジオの所有が認められていなかったので、ザカライアス放送の受信は、政府筋や現在のNHKなど極限られた機関しか受信できなかった。もちろん、朝鮮でも短波受信ラジオの所有は厳しくは禁じられていたが、中には密かに所持して受信している人もいたので、口コミで朝鮮人の間には知られていたそうだ。

しかし、このラジオ受信について、山本武利氏は「太平洋戦時下における日本人のアメリカラジオ聴取状況」[79]で、森田氏等と少し違った状況だったことを紹介している。

アメリカは、一九四四年六月にサイパンを陥落させて日本全土に中波放送が届く基地を確保すると、ザカライアス放送が始まる前の一九四五年四月二十三日から中波を使って日本向けの謀略や宣伝をする所謂プロパガンダ放送も開始していたそうだ。このプロパガンダ放送に対して日本は、日本の放送とプロパガンダ放送を識別させるために、日本の放送にはアナウンサーの名前を添える「署名入りの放送」を行った。あらかじめ周知したアナウンサー以外の放送のときは聴取者がスイッチを切るように指示し、また、放送時間や周波数の変更や妨害雑音を入れて放送を聞こえなくするジャミング（Jamming）なども行った。だが、大都市ではこのジャミングの雑音で受信できなくても沿岸地域や農村地域ではかなり聴取できた。このことは次の取材報告からもわかる。

終戦直後に、アメリカの調査団は戦時中のラジオの聴取について調べた。その結果によると、山口県の萩警察署長は「サイパンのラジオは夜間には、はっきり聞けた」。憲兵中佐は「東京の新聞社は短波受信機を持っていた」。「ほとんどの佐官級以上の陸軍将校はアメリカの放送内容について知っていた」。仙台の新聞記者は「一九四五年七月九日の仙台大空襲を事前に聴いて知っていた」。民間会社の課長は「陸軍では短波も聞ける通信機をもっていたので、オフィスに集まって米軍の短波放送を密かに聴いていた。だから八月十四日にポツダム宣言を受諾したことを知った」といった証言がある。

この証言や山本氏のレポートに照らすと、朝鮮総督府はもちろんのこと釜山水産専門学校の田中校長らの所にも、受信機を備えてその気になれば、サンフランシスコからの短波放送（ザカライアス放送）やサイパンからの中波放送を直接聴取できる条件は揃っていたことになる。もし直接聴取しなくても、七月二十六日のザカライアス放送で、連合国は、アメリカ、イギリス、中国の代表者の名で日本に無条件降伏を求めるポツダム宣言を出したことを放送しているから、森田氏等が言うように朝鮮人の間では、密かにこのザカライアス放送を聴取して、日本が置かれている状況から無条件降伏することを薄々承知していた可能性はある。そうすると、朝鮮人学生が在籍し、朝鮮人との交流が深かった釜山水産専門学校に、それらの情報が入っていた可能性もある。だから、短波のザカライアス放送が聴けるラジオを所有していたか否かは別にして、釜山水産専門学校が日本の戦況の推移や、八月十四日にポツダム宣言を受諾したことを十五日の玉音放送の前に承知していた可能性も考えられる。この点を検証する。

朝鮮総督府は、八月十五日に、ポツダム宣言を受諾して日本が降伏することを昭和天皇の口から玉音放送で流されると、その日のうちに、朝鮮総督府政務総監の遠藤柳作と朝鮮の独立支持者代表の呂運亨との間で会談が行われて、これまで総督府が持っていた行政権を朝鮮に委譲することで合意された。その会談で日本側からは日本人の安全と財産の保全、朝鮮側からは政治犯釈放や食糧確保条件が出されている。翌八月十六日には、このことは朝鮮のラジオで放送されるとともに、呂運亨は集会でも報告している。

もし、朝鮮総督府が、十五日正午に玉音放送を聴いて日本が降伏したことを初めて知ったのであれば、大混乱が起きて何も手に着かない状態に陥ってもおかしくないはずの状況下で、なぜ、手際よく短時間で独立支持者代表との会談を設営できたのだろうか。総督府としては、朝鮮人民が長い間独立を願望して来ていたから、朝鮮の行政権の奪回で大騒ぎをし始めることを予測していた。だから、そうなる前に先手を打つ必要があった。それは、十五日の玉音放送の内容を事前に知っていたから、いち早く朝鮮独立の支持者代表呂運亨らと会談を開く準備ができたのだ。

ということは、朝鮮総督府も短波のザカライアス放送や中波のサイパンからのプロパガンダ放送を聴取していたので寝耳に水ではなく、最小の混乱で対応が出来たということになる。朝鮮総督府としては、行政権委譲に関わる大問題で大忙しの翌八月十六日に、田中校長が釜山水産専門学校の身の振り方の指示を求めに行っても、それどころではない状況だったのだろう。

もっとも、田中校長も総督府が指示を出せない状況であることは百も承知の上で、忙しい中わざわざ釜山から京城まで伺ったのは、学校独自の引揚策をとるに当たって監督官庁の指示を仰ぐ行政的手順を踏むことを大事にしたに過ぎない。つまり、混乱期においても礼を尽したということだ。

耕洋丸を使った引揚げについての詳細は後述するが、最初の引揚便が八月三十日に釜山港を出港して、最後の引揚便が十月一日に釜山を出港するまでの都合三航海の間は、出航の日と九月の三十日を合わせて三三日しかない。この九月は台風のシーズンだけに航海できる日数も制限される。加えて、七月にはアメリカ軍が日本封鎖作戦で釜山港周辺にも機雷（機械水雷）を投下しているし、ソ連軍の南下情報もある中での引揚航海であった。また、十月に入って韓国新政府派遣の接収員が来校している。このように、耕洋丸を使った引揚作戦は、耕洋丸の輸送能力から釜山水産専門学校の学生、教職員、その家族を引揚げさせるには三航海必要であり、陸上条件は急を要する状況にあり、海上は気象条件、機雷などの危険性がある中での実行だった。

そうすると、先述のとおり、八月十六日から二日かけた会議で、最終的に責任者の田中校長の裁定でこの耕洋丸を使った引揚作戦が採られたわけだが、まず、必要航海数は計算すれば三航海と出て来るが、それに必要な燃料を確保しなければならない。引揚げる全学生、全教職員とその家族に説明しなければならない。細かいことを言うと、引揚げ先の萩港で荷物を一時倉庫に保管してもらっているが、その事前連絡や、松生教頭が一便で萩港に入港後直ちに上京して水産講習所の杉浦所長や農林省の幹部と会って引揚学生の水産講習所転入受け入れについて話し合っているが、それらの日程調整などをやらねばならなかったはずだ。当時の朝鮮と内地の連絡方法は、電話はないから電信すなわち電報か手紙のやり取りになるが、手紙だと時間の余裕がない。しかし、実際には、一連の段取りの良さでやり抜いている。今で言う行程表（ロードマップ）がしっかりできていたということだ。

では、この行程表はどうやってできたのだろうか。実際、当時、現在のような行程表をつくって会議資料に使ってみんなで検討し、役割分担したとは考えられない。そうは言っても、各行程を指示命令するには、指示者の頭の中には、あらかじめ行程表が出来ていなければならない。先に示した悪条件の下で泥縄方式ではうまくいかない。結果から見て段取り良く引揚げが終わっている。このことから判断すると、少なくとも田中校長、松生教頭の頭の中には行程表があったはずだ。それも、十六日に総督府へ挨拶に行く前に、否、前日の玉音放送を聴く前に、田中校長と松生教頭が異床同夢として、戦後処理、引揚げの段取りを織り込んだ行程表を考えていたはずだ。だから、総督府へ礼を尽くし、時間をかけて教官会議に図り、責任もって耕洋丸引揚作戦という結論が出せたのだ。

つまり、結果からみて、耕洋丸引揚作戦は成功したわけだが、昭和二十（一九四五）年七月二十六日に日本に無条件降伏を勧めるポツダム宣言が出されたことや八月十五日の玉音放送前日の十四日に、そのポツダム宣言を受諾すると決断したことなどを、釜山水産専門学校でも何らかの方法で事前に入手していたと考えるのが妥当である。

この釜山水産専門学校でも限られた人が、事前に短波放送や中波放送で情報を入手していたとする推論を支える傍証がもう一つある。それは『五十年史』に練習船耕洋丸の元船長の回顧録として出て来る。元船長は、昭和十六年に臨時召集で入隊し各地での転属を繰り返している中で、昭和十九年に病気を患い召集解除となり、その後、縁あって鳥取市の造船所で建造中の練習船耕洋丸の艤装に立ち会い、竣工すると船長として就任した。だが、翌二十年六月、終戦の二月ほど前に辞任している。その辞任の理由は、終戦前に内地出身の学生を親元に帰すことを漁撈科の主任教官に進言したが、「とんでもないことだ」と一蹴されたことを挙げている。

元船長は、昭和十九年六月にサイパンが陥落、二十年三月に硫黄島が玉砕、同年三月から始まった沖縄の激戦を聞くと、本土決戦も遠くないと指摘しての進言だった。ここで「聞くと」といった言葉には、どこから、誰からの説明はない。だが、造船所は鳥取市の海に面した沿岸域で郊外に位置する所だからサイパンからの中波放送は受信できたし、受信機さえ持っていれば密かにザカライアス放送の短波も聴けたはずだ。それに、森田氏らが言うように、朝鮮人の間にはザカライアス放送を聞いた人から、日本が窮地に追い込まれている戦況が知られていたのであれば、耕洋丸が竣工して釜山に回航した後、朝鮮人からそれらの情報が元船長に伝わった可能性もある。

　元船長としては、戦争の現場を渡り歩く中で身に着けた戦況をとらえる感覚と、直接間接は別にしても、ラジオから得た情報を基に考え合わせると、日本が敗けることは必至だと判断した。だから、預かっている学生の身を思い、直属の上司に進言した。ただ、当時、違法行為にかかわる根拠のラジオから聴取したと説明することはできなかった。上司としても、根拠を問いただす訳にはいかなかったので、進言を退けざるを得なかった、という図式になる。また、元船長は松生教頭などに世話になって耕洋丸の船長に就いている。それが突然辞職するには、その理由を田中校長や松生教頭に説明しなければならない。だから説明したはずだ。その説明の中で、先の日本の敗戦に関わる情報の入手について話して、学生の安全のための帰宅航海を進言したが受け入れられなかったことを含めて全てを話したはずだ。こういう情報もあって、田中校長と松生教頭が、戦況の成り行きを見極めながら、練習船耕洋丸を使った引揚行程を異床同夢で画いていたのだ。ただし、このことは田中校長も松生教頭も元船長も口外できなかった。ただ、元船長としては、終戦直前に船長職を放り出しての辞職だっただけに、その時の辞職理由を何らかの形で残して置きたい気持ちがあって、元船長は『五十年史』に寄稿したのだろう。

　この耕洋丸を使った引揚げの中で燃料確保は、物資統制の厳しい時代だけに難しい問題だった。燃料の重油は、引揚げでなく籠城を主張した配属将校の陸軍大佐が、釜山要塞司令部に掛け合って重油ドラム缶一〇本を入手することができた。また、学生課嘱託の軍事教官も陸軍暁部隊の船舶輸送司令部釜山支部に話をつけてくれたので、こちらからも重油ドラム缶一〇本が入手できた。これら都合二〇本のドラム缶の運搬は校内に駐屯していた車両部隊が協力してくれてトラックで運んだ（『二十五年史』）[53]。これで、耕洋丸の燃料タンクはドラム缶一〇本入る（一八〇〇リットル）タンクを二槽持っていた耕洋丸は燃料を満タンにすることが出来た。

この燃料入手に、先の引揚げの教官会議で釜山の治安維持のために籠城しようと主張した陸軍大佐をはじめ、教練など軍事教育で学校に関わっていた軍人が協力している。軍人の配属などの人事は、学校長に関係なく行われるから、学校との関係は、言わば他人である。それにもかかわらず、学校挙げての引揚げに一肌も二肌も脱いでくれたことは、学校として大きな力になった。先に触れた教官会議に二日間かけたことは、これら軍属教官が納得するために必要な時間であることを田中校長も松生教頭も承知して行程表に入れていたのだ。この軍人の協力がなければ、燃料の確保もできず、学校が一体となっての引揚げも、引揚げ後に学生の水産講習所へ転入学もままならなかったであろう。そうすると、その後の釜山水産専門学校の展開もどうなったかわからない。現実よりいい方向でなかったことは確かだろう。

と言うのも、占領軍は、内地引揚げの優先順位を次のとおり決めている。順番として、まず、①現役の日本軍部隊、②休暇中および除隊した軍人とその家族、③もと日本人警察官など、望ましくない者、④神官、⑤日本人鉱山労働者。その後に続いて、①一般民間人の援護対象者、②その他一般民間人、ただし、上級公務員と上級の会社職員を除く、③上級公務員と上級会社職員、④交通及び通信要員、ただし、米軍政長官の承認したときに限る、となっていた(77)。

この順番は、要するに占領軍に対する抵抗組織づくりを警戒したものだと受け止めると理解できる。命を国に捧げる気持ちが強い職業軍人たちが、先の籠城論を提案した陸軍大佐のように、玉砕を覚悟した組織を大なり小なりつくって抵抗することが、占領軍にとって最もやっかいな問題だったのだ。引揚げに関しては、実際、マッカーサー将軍の命令で昭和二十（一九四五）年八月から日本陸軍の撤退が始まっている（森田ら(77)）。

なお、終戦から一年経ったある日、先の引揚作戦が決まった教官会議で籠城論を展開した元大佐が、釜山水産専門学校が引揚げていた下関市にまで汽車を乗り継いで、籠城説の非を侘びに来たそうだ。当時、籠城説は否定されたにも関わらず燃油の調達に尽力し、また、誰にでもできることではないお詫びの訪問をされた元大佐の行動は立派だと言える。

引揚げ

日本の降伏を受け入れる調印式は、昭和二十（一九四五）年九月二日、東京湾に浮かぶアメリカ戦艦ミズーリ号の甲板上で関係各国が調印して行われた。それより前の八月三十日に、練習船耕洋丸での引揚航海の第一便は釜山南浜岸壁を離れている。対馬沖で突如浮上した米潜水艦を見て肝を冷やすような海上を山口県の萩港へ向かって走った。萩港に着くと、先の教官会議の決定どおり、松生教頭は、直ちに山陰線を使って上京し、水産講習所の杉浦保吉所長に学生転入学の受け入れをお願いし、さらに、その足で農林省関係筋と交渉して了承されると萩へ取って返している。

この山陰線で松生教頭が上京した際、途中で乗り継ぎのため浜田駅で汽車を待たされていたとき、ちょっと席をはずした隙に旅館で作ってもらった大切なニギリ飯を盗まれた。当時は今のように食堂や駅弁を食べるというわけにも行かないだけに、手持ちのニギリ飯は命に直結する貴重品だった。その時、運よくその地に住んでいた釜山水産専門学校の一年生（五期生）の学生と出会った。学生が困り果てていた松生教頭の事情を知って、叔父さんに頼んで大量のニギリ飯をつくって来てくれたそうだ。このエピソードは、今の人には理解しにくいかも知れないが、終戦直後の食料事情と交通事情の厳しさを物語っている。

ところで、松生教頭が東京から萩港に戻ってみると、耕洋丸は引揚第二便のために既に釜山へ向かって出港していた。現代と違って耕洋丸や釜山水産専門学校と連絡の取りようがない。そこで、萩の隣の仙崎港から出ていた関釜連絡船の興安丸に乗船して釜山へ向かうことにした（注6）。松生教頭は、どうしても釜山に戻って引揚後の学生の受け入れ体制を伝えなければならない。山陰線乗車券の入手もままならぬ状況下だったが、何とか手に入れて仙崎港に着いた。だが、当時の興安丸は、仙崎港から釜山港へ向かうときは日本の内地に住んでいた朝鮮人が帰国するために乗船し、逆に、釜山港から仙崎港へ向かうときは、日本の内地に引揚げる邦人しか乗船できなかった。

松生教頭は、日本人だということが見つかって降ろさ

注6　本来、興安丸は下関港と釜山港を航行していたが、戦時中、下関周辺海域に米軍が仕掛けた機雷を避けるため仙崎港と釜山港を結んで航行していた。

れた。困り果てて仙崎の町をウロウロしていたとき、ここでも別の釜山水産専門学校の一年生とばったり出会った。この学生が興安丸のボーイ長と話をつけくれて、ボーイ長の部屋に潜んで、言わば密航者の恰好で興安丸に乗って釜山へ着いたそうだ。先のニギリ飯エピソードとこの密航エピソードは、終戦時ならではのものである。

森下研の『興安丸』(76)（一九八七年　新潮社）を下に、その興安丸の話をする。昭和十二年一月十八日、三菱重工業長崎造船所で竣工。総トン数七〇七九・七六トン、全長一三四・一〇メートル、幅一七・四六メートル、深さ一〇・〇〇メートル、主機蒸気タービン二基、最高速力二三・一一ノット、搭載旅客数一七四六名（一等四六、二等八〇、同雑居室二三六、三等寝台二〇〇、同雑居室一一八四名）、乗組員一四一名、其の他（税官吏、警察官など）一八名。

興安丸も触雷している。昭和二十年四月一日、超満員の乗客二四三一名を乗せて下関を出港して釜山へ向かう途中、蓋井島北北東二マイル沖で右舷後方に機雷を食らった。幸い致命傷ではなくエンジンの応急修理で自力航行できた。

昭和十（一九三五）年広島鉄道管理局が開設されて関釜連絡船の航路はそれまでの門司鉄道局から広島鉄道管理局へ移管された。広島鉄道管理局は、興安丸の触雷を機に関門海峡を避けて博多から発着するようにした。ただ、博多港は三〇〇〇トン級の船しか接岸できない。七〇〇〇トン級の興安丸は沖泊まりで乗客も艀《はしけ》（渡し船）で乗り降りした。

五月三十日、関釜連絡船の各船、天然の防波堤の青海島を持つ仙崎へ移動する指令が出た。六月十二日に長崎で修理を終えた興安丸は、六月末に長崎を出ると空襲の合間を縫って、下関で釜山へ渡る人が大勢待っていたので、小串漁港から釜山間を二航海している。

昭和二十年七月二日、下関と門司が空襲を受け両市の主要部は壊滅状態になる。七月四日、興安丸は萩市の須佐湾に避難した。この須佐湾で終戦を迎えた。

話は学生の引揚げに戻る。引揚第二便の耕洋丸が釜山港を出港した期日等は不明だが、ソ連軍南下の情報を重く見て、寮に残っていた学生全員を乗せている。最後の引揚第三便は十月一日に釜山港を出たが、この出港に当たっては既に学校の接収も始まったこともあり、いろいろ問題が出ている。

当時の朝鮮では、日本が降服したという報を受けると、独立国家建設への動きが表れて来た。その一つとして、釜山では保安隊と称する自主自治的な組織が結成された。三六年間の忍従を背負って来たこの人たちと、敗戦の痛憤に身を焼く思いの日本人学生の一群が街中で出会えば無事であろうはずがない。現実に、釜山水産専門学校の学生たちが百人余の保安隊に取り巻かれるという紛争が起き、あわや流血寸前というところまで行ったが、この時は進駐していた米軍に救出されて事件は一旦鎮まった。だが、この事件は後を引いた。数日の後、日本刀や銃を手にした保安隊員が耕洋丸に押しかけて来て、学生の責任者として広田英雄氏（二期生）を保安隊本部に連行して行った。広田氏は、引揚航海で大きな戦力となった学生乗組員の主力メンバーだった。幸い侘び料を支払うことで釈放された。

この最後の引揚第三便の出港前に、練習船耕洋丸の運航は禁止されていたが、引揚航海が終わったら耕洋丸を朝鮮に引き渡すという約束を取り決めて出港した。

この第三便は、昭和二十年十月一日夕刻、釜山の桟橋を離れた。ところが、港の出口で米進駐軍に停船を命じられて厳しい訊問が始まった。この時は、江良至徳教官が持っていた日本人形をプレゼントして米軍兵士の虎口を通してもらっている。釜山港の外は台風の余波を受けて大時化《しけ》だったが、航海学専門の藤本船長は学生を含んだ乗組員を励ましながらその時化の中を走らせて、一旦、対馬の佐須奈港に緊急避難で入港させた。やがて海が少し鎮まったとは言え時化が残る海を乗り切って萩港へ向かい、無事接岸させた。

なお、この第三便で内地に一旦引き揚げた江良教官は、先着同志への指示連絡や内地の情報を集めると、学校再建計画を立てるために釜山に戻った。だが、その時既に博多から釜山へ帰る船便は、日本人の韓国への渡航は禁じられていた。厳しい検問と、韓国人にばれれば海に放り込まれてもおかしくない中で、江良教官は韓国人に成りすまして韓国へ引き上げる韓国人の集団に紛れ込んで釜山へ渡っている。

ともかく、釜山水産専門学校関係者の引揚げは一通り終わったわけだが、その後、耕洋丸は約束通り釜山港に戻って行った。釜山港に接岸すると、すぐさま耕洋丸の船首に着けられていた日の丸が朝鮮の国旗に取って換えられた。それを見ていた学生を含む乗組員は絶ちがたい愛着と痛恨の思いが胸いっぱいに、その場を立ち去った。その後、耕洋丸は、中国の青島に渡ったという噂を最後に、それ以降は全くわからない。

話は前後するが、十月に入って韓国新政府から釜山水産専門学校を接収するために接収員が来校した。田中校長、松生教頭、峯村・小谷教授等は、接収員たちを釜山駅頭に出迎えて応対した。一〇日間にわたる接収事務が続けられたわけだが、彼らは開口一番、練習船について質問して来た。第三次引揚第三便として航海中だと知ると、接収員一行はたちまち疑惑の表情を表わした。だが、その後、練習船耕洋丸が約束通り釜山へ帰港したことを知り、また、通帳、保留金について完璧であり、それに、田中校長以下諸先生の人柄と誠実さも通じて、談笑のうちに接収員は任を終えた。校長宿舎でスキヤキ交歓会を催し、友好ムードの中で帰って行った。

ただ、この接収に先立ち米進駐軍が、学校の図書、その他貴重品を持ち去っていたので、学校が隠蔽あるいは日本への持ち帰ったかと疑いがかけられて困惑することもあった。この点については、皮肉にも、後述する下関水産大学として新制大学認定審査を受ける際、図書や実験機材のないことなどで不合格になったことが、日本への持ち帰りがなかったことを証明している。

いよいよ最後の別れになった時、朝鮮人の学生たちが整列して、田中校長以下の日本人と離別の挨拶を交換した。万感の思いが残る中で学校を後にした。この一齣は、統治国と被統治国との別れではなく、人と人との別れであって、その後の日韓交流にとって貴重な体験であった。先にも触れたが、この時の韓国人学生と日本人学生は、その後、同窓会という交流の場を設けて昔を交歓している。

なお、後日談だが、韓国で釜山水産専門学校を継ぐ釜山水産大学校（後述）の練習船の一隻に耕洋号の船名が付けられている。ここら辺りにも、韓国人の釜山水産専門学校及び同窓意識というつながりが感じられる。

余談になるが田中耕之助校長の人物像の一端を紹介する。先にも触れたとおり、終戦直後で混乱している八月十六日に朝鮮総督府へ挨拶に出かけたことでもわかるように、田中校長は礼を尽くすことを大切にしていた。戦争直後進駐して来た米軍司令部に単身で挨拶に出かけている。関係者たちは、今の今まで爆弾を投下した相手だけに、どうなる事かと案じていたら米軍のジープで丁重に送られて帰って来たので安堵したそうだ。米軍も田中校長の品格に感じるところがあったのだろう。

もう一つ田中耕之助（写真４）の品格を示すエピソードを紹介する。それは、昭和四十四（一九六九）年だから、田中が八十歳に近いときだった。所用で福岡市に寄ったとき、教え子たちが田中氏を著名人が使う博多の一流料亭に招待した。料亭の女将は瓢箪を飾るのが趣味で、その瓢箪は女将の眼に叶った人にしかプレゼントしないことで有名だった。だから、それまで料亭を使う多くの大物政財界人など著名人が瓢箪を欲しがったが、プレゼントしたのはまだ三人ほどだった。ところが、田中を一目見た女将は瓢箪をプレゼントしたと言うのだ。こ

写真４　田中耕之助
（『滄溟』より転載）

れには料亭の仲居さんたちが驚いた。これは、人を見る目をもつ料亭の女将の眼に叶う田中の品格の良さを表している（『滄溟』一〇五号より抜粋）。[30]

水産講習所下関分所

終戦時の昭和二十（一九四五）年八月に、釜山高等水産学校（昭和十九年釜山水産専門学校に改称）で三・五年修業の二期生と二・五年修業の三期生は特別措置で繰り上げ卒業した。もっとも、卒業式は引揚業務に追われて行えなかった。だから卒業したことを知らないまま卒業したという人もいる状況だった。

なお、この二期生と三期生の卒業式は、昭和四十七（一九七二）年九月二十三日に三二年遅れて下関市の春帆楼で、先輩の一期生も含めた五〇人ほどが参列する中で行われた。ただ、この日は、既に他界されていた一二名の卒業生と七名の恩師の冥福を祈りながらの卒業式だった。釜山時代の校長田中耕之助から卒業生各人に卒業証書が授与された。

このように曲がりなりにも釜山の三期生までは卒業できたが、在学生で引揚げて来た四期生、五期生の修学をどうするかが大きな問題だった。この問題については、引揚げ時に「東京の水産講習所と協議する」と取り決めていた。ここで言う協議するとは、田中校長、松生教頭の母校水産講習所を頼ることだった。具体的には、松生教頭が引揚船の第一便で萩港に渡り、直ちに上京して水産講習所の杉浦保吉所長と農林省を訪ねて相談に乗ってもらうことになっていた。

前に触れたとおり、昭和二十年九月一日に萩港に入った松生教頭が予定通り上京して杉浦所長に会うと、杉浦所長は、既に農林省との話を詰めていた。農林省は、昭和二十年度の予備費と翌年度の予算から捻出して釜山水産専門学校の引揚後を支援することを決め、その上、大蔵省と折衝して、引揚学生が学ぶ校舎は下関市吉見町にある旧海軍下関防備隊の施設を転用するところまで話が進んでいた。松生教頭は、杉浦所長から水産講習所として釜山水産専門学校からの引揚学生の転入学許可を正式に決定しているから、至急「水産講習所下関分所」を開設するように促された。

こうして、終戦で廃校の運命にあった釜山水産専門学校の内地引揚学生は、水産講習所に転入学できるようになった。なお、今から考えると、現在のような電話、ファックス、Eメールなどの通信手段がない終戦直後の混乱期に、実に素早い対応である。八月十五日の終戦日から二週間余りの短期間でここまで決まっていたとは、現代感覚に照らすと特筆に値する驚異的な対応の速さだと思う。

ところで、下関に水産講習所の分所を開設する大きな理由は二つあった。一つは、東京にある水産講習所への転入学が許可されても、西日本出身が多い釜山水産専門学校の引揚学生および教職員にとって、当時の東京は遠かったからだ。戦後の交通事情、経済事情、食糧事情を考えると、引き揚げて来た学生の全員が揃って東京で学べる状況ではなかったのだ。

もう一つは、漁業基地の下関市では、官民そろって以前から水産の高等教育機関の設置を強く望んでいた。昭和十六（一九四一）年に下関でなく釜山に高等水産学校が設立された後も、その熱意は冷めることなく農林省に働きかけていた。昭和十八（一九四三）年には水産講習所の遠洋漁業学科を誘致する計画を建て、現在、同市吉見にある水産大学校の地を当てようとしたが、軍事施設が優先されて使えなかったので、同市彦島西山の地を埋め立てる用地造成工事をしていたが、戦争の激化で、やむなく中止した経緯があった。このことを農林省が承知していたのだ。

ここで先の大蔵省から示された校舎転用の旧海軍下関防備隊について、現在の海上自衛隊下関基地隊のホームページなどを引用して、簡単な説明を付け加えて置く。

昭和十二（一九三七）年に起きた蘆溝橋事件をきっかけに、広島県の呉鎮守府の下に関門海峡を守る海軍下関防備隊が（隊員約六〇〇名）下関市吉見町に配備されて、昭和十七年に軍艦が停泊できる施設も完成させていた。この吉見町の地に、現在、水産大学校と海上自衛隊の施設がある。吉見町は、下関駅から山陰線で六つ目の吉見駅がある町だ。

昭和二十年になると、米軍は、沖縄への補給路を断つために長距離戦略爆撃機Ｂ二九を飛ばして航路に機雷を敷設する作戦に出た。Ｂ二九は、三月二十七日に九二機、同三十日に八五機、四月十日に三〇機、飛来して関門海峡に機雷を敷設した。このＢ二九による機雷敷設は終戦まで続き、米軍の資料によると関門海峡周辺に、四三二九個の機雷を敷設したそうだ。下関防備隊は航路確保のために下関掃海部を置き、三月二十八日から機雷を取り除く掃海作業に取り掛かっている。この掃海作業は、終戦後の昭和二十年十一月に海軍が解隊した後も下関掃海部は復員省に所属して続けられ、以降、海上保安庁、海上自衛隊と所属は変わったが、現在でも続けられている。なお、この関門海峡の機雷を避けるために、先述の釜山から引揚航海をした耕洋丸は、下関港を避けて萩港を使ったのだ。

話を水産講習所下関分所に戻す。分所開設に素早く対応したと言っても、引揚げて来てからこの二〜三か月余りの間、学生たちは、勉学する場所も身を置く場所もないわけだから取り敢えずそれぞれの実家や親戚などに身を寄せていた。そんな状況の中で昭和二十年十二月に引揚学生たちは、下関分所への入学が許可された旨の通知を受け取ることが出来た。

この転入学の通知を出すまでに、先の杉浦所長からの転入学許可が出てから三か月余りも経っている。これだけ日数がかかったのには次のわけがあった。旧海軍下関防備隊の施設に学生を収容できるように整備すること、教職員を集めること、みんなの食糧を確保すること等々見通しのつかない課題がいっぱいあった。

まず、大蔵省からの話があった旧海軍下関防備隊施設の転用があやふやだった。と言うのも、田中耕之助元釜山水産専門学校長が呉市の元海軍鎮守府の地にあった呉地方復員局を訪ねて、海軍下関防備隊跡地の転用時期を確認すると、「この施設は、現在、国際法の規定に従って、米軍の責任の下で瀬戸内海航路の機雷除去作業の施設として使用している。この作業が終わるまでは付属施設の一部は転用できるだろうが、その施設や面積などはわからない」という返事で不確定要素が多かった。

田中元校長は、旧海軍下関防備隊施設の現場に立ってみた。塩田と小高い山に挟まれた地形で、そこには、廃屋同然で床もなければ窓ガラスもない兵舎が点在していた。それでも、田中元校長は、先述の農林省の支援予算を使って放置施設の改装工事に着手した。一一〇坪の木造バラック建ての旧隊員宿舎を事務室と教職員の宿舎に、別の五二七坪の木造バラック兵舎を学生寮及び食堂に、二〇〇余坪を教室と教務室に改造した。

と言っても、田中元校長自身の身を置く場所もないので、吉見町の民家の一室を借りて、そこを水産講習所下関分所の事務所として分所開設に向かって取り組み始めた。その上、釜山時代から女房役の松生元教頭が水産講習所（東京）の杉浦保吉所長（昭和二十一年四月退職）の後任に就任する予定で東京に移籍して下関にはいなかった。余談になるが、杉浦所長としては、第一章で紹介した昭和十五年の釜山高等水産学校創設直前に、当時の朝鮮総督府殖産局長の穂積真六郎に引き抜かれた松生を取り返した形になった。それでも田中元校長は一人で踏ん張り、日ごろ学生たちに求めていた不撓不屈の精神を自分自身で実践している。なお、この時の田中の身分は、国から水産講習所下関分所開設準備委員に委嘱されていただけで、分所長などの肩書きはなかった。

そんな混乱状況の中から、ようやく水産講習所下関分所として学生たちに転入学の通知が出せたのだった。昭和二十一（一九四六）年五月五日に、釜山から引き揚げて来た釜山水産専門学校の第四期生・五期生のほとんどが吉見に集合してバラック校舎の前で農林省水産講習所下関分所の開所式を行うことができた。外地からの引揚学生が全員そろって転入学出来た官公立高等教育機関としては本所以外の何処にもなかった（注7）。釜山の校舎は、専門学校としては東洋一と称せられるくらいのみごとな建物と比較すると、雨漏り

注7　私立では東亜同文書院大学（現愛知大学）がある。

で開所式の玉串が濡れる下関分所の式場は惨めなものだった。だが、その開所式で田中元校長は、次のような主旨で挨拶をしている。

下関市は海陸交通の要衝にあり、既に水産都市として冠たるものがある。今、日本再建という使命の下、先ず食糧難を克服せねばならない。海洋漁業の基地として活躍している下関に水産専門の高等教育機関を開設することは意義深い。ところで、この開所した水産講習所下関分所は、終戦により廃校になった釜山水産専門学校の引揚学生だけに教育する応急機関に過ぎない。したがって昭和二十三（一九四八）年九月をもって、この下関分所は自然廃校になる運命だ。ついては、さらに一歩進めて本分所を足がかりに、恒久的な水産専門高等教育機関の設置を要望する一大運動を起こしたい希望を持っている。御臨席の皆様、切に深いご理解を以ってご賛同を賜り、絶大なる御後援をお願いする次第です。

この田中元校長の高等水産教育にかける熱意、不撓不屈の精神が伝わる挨拶は、列席した関係者一同がそれまで個々それぞれに思っていた下関市に水産の高等教育機関への思いを一つに集約させた。だから、開所式の二か月後の昭和二十一年七月には「下関市水産専門教育機関設置期成会」の趣意書が発表され、八月十二日には「下関市水産専門教育機関設置期成会」を結成している。同会は、会長に松尾守治下関市長、副会長に中部兼市大洋漁業株式会社社長、福田泰三下関市市議会議長、七田末吉日東漁業株式会社社長を選出し、事務所を下関市役所に置くところまで進展した。

その一方では、田中元校長を中心にして下関分所の関係教職員一同も学校再建へ力を合わせて動き出した。以降、下関の官公民の熱意を結集した高等水産教育機関の誘致運動が力強く展開されて行った。

これは、言い換えると、戦前の昭和十六（一九四一）年に朝鮮総督府に創設された釜山高等水産学校（釜山水産専門学校）は歴史を持たない言わば苗木の状態だった。この水産高等教育機関の苗木を下関の地に植え替えて育てようという運動である。同じ朝鮮総督府に在った京城帝国大学や台湾総督府に在った台北帝国大学をはじめ、外地に在った官公立三〇余校の高等教育機関を内地に移すことなく廃校にしたことに較べると、この下関で官公民一体となって取り組んだ外地引揚高等教育機関の再建運動は、日本の戦後史として特筆に値する。

なお、当時の田中元校長は、先にも触れたように、昭和二十年十二月一日付で、国から水産講習所下関分所開設準備委員に委嘱された辞令が出ていただけだから、田中には分所長の肩書がなかった。分所長は、昭和二十一年四月に東京の水産講習所の所長に就任していた釜山時代に田中校長の女房役を務めた松生所長が分所長も兼ねていた。ということで、五月の分所開所式のときの田中の肩書は、ただの嘱託委員に過ぎなかったが、実質的には田中委員が下関分所長の役を務めていたのだ。そのことを水産講習所の松生所長も承知して、国の辞令にこだわることなく下関分所長として挨拶をお願いしたのだった。

下関分所での授業は、昭和二十一年五月十八日から曲がりなりにも始まっている。学舎は、塩田の片隅に草の中に埋もれるような元作業兵舎で、杉皮葺きの屋根の細長いバラック二棟だった。雨の日には教室内で傘を差して受講、教室の仕切りはあってもないようなものだから隣室の講義が筒抜けに聞こえるような教室だった。それでも学生たちは土間で風雨に耐え、寒さに震えながらも何一つ不平を言わず不撓不屈の精神を強調しての勉強だった。また、学生たちに制服はなく、服装はまちまちで、褞袍《どてら》を着ている者もいた。ボロ靴でも履いているのはよい方で、裸足で登校する学生も多かった。今の日本しか知らない人たちにとって想像もできないだろうが、この服装や裸足は戦後の日本の各地で見られた光景で、そう珍しくはなかった。

また、食糧事情は最悪で、学生も教職員も食うものがなく専ら芋・芋づる・野菜のみという生活だった。学生の中には、夜になると目を輝かして近隣の畑からサツマイモ・ジャガイモ・大根などを盗んできて貪り食う者も出て来た。その都度で謝りに行くのも教職員の任務の一つになった。

そんなこともあって、開校して一か月も経たないうちに食糧休暇となった。これも現代の若者には想像もできないだろうが、日本国中がイモの葉や海藻・大豆カスなどまで食べて生き延びていた飢餓時代だったのだ。食べ盛りの若い学生たちは、どんぶりに六分目の重湯のような粥の給食では腹が減って、不撓不屈の精神だけで勉学ができる状態ではなくなってきたということだ。

下関分所の教職員は、元釜山水産専門学校の田中元校長をはじめ、ほとんどが元釜山水産専門学校在職者だった。だから、水産講習所下関分所は、細かい制度問題を別にすれば実質的に釜山水産専門学校が日本列島に引揚げた形となっていた。ただ、水産講習所の分所と言っても、教職員の肩書は、田中元校長をはじめ全員が正式の職員ではなく、二年後の昭和二十三（一九四八）年九月に廃校になるまで授業などを受け持つ嘱託で、現代で言えば、期限付きの派遣職員に近い形だった。そんな条件下では教職員の集まりも悪かったのは、当然である。

授業は、養殖科の例を挙げれば、下関に比較的近い九州大学・山口大学や山口県水産試験場から非常勤講師も招いたが、水産講習所の教官の肩書を持っていたのは松井魁助教授一人だった。その他は、元釜山水産専門学校の千葉卓夫助教授と元朝鮮総督府水産試験場の技師が常勤だが、二人とも嘱託講師の待遇だった。他の漁業科も製造科も似たり寄ったりだった。

なお、ここに挙げた水産講習所の松井助教授は、昭和二十一年三月に召集先から復員したら東京の留守宅は戦火で焼失していた。東京の水産講習所に復員の挨拶に行ったところ、下関に分所を開所する予定なので、家族が疎開していた山口県岩国市は比較的下関に近いから下関分所に赴任することを勧められた。それで水産講習所に籍を置いての分所勤務になった。だから、養殖科唯一の嘱託扱いでない助教授だったというわけだ。

このように外地から引き揚げて来た教官は嘱託扱いの待遇をみると、先述の外地に在った官公立三〇余校の高等教育機関を内地に移すことなく廃校にした理由の一つに、引揚学生たちはどこかに転入学させたとしても、引揚学校の教職員を受け入れる体制が整っていなかったことが挙げられる。釜山水産専門学校に限っては、水産講習所、農林省、釜山水産専門学校の田中校長と松生教頭に加えて地元下関市及び山口県が熱意をもって対処したことで水産講習所下関分所が出来たのだが、二年後に、廃校で失業する職員の処遇条件では下関分所勤務を希望する人が少なかったのも無理からぬことだ。

このような経緯で下関に水産講習所の分所が開設されて、釜山から引き揚げて来た学生を勉強する場が確保できた。だが、講義等に使う資料を揃えることもままならぬ状態で、実験に至っては、設備がなく教官もお手上げ状態だった。

そこで実習や実験は、釜山の開設期と同じような方法をとった。つまり、漁業科・漁撈科の学生は出漁漁船にお願いして乗船させてもらい、製造科は関連する各地の工場に分散しての実習で、化学実験は、下関市長府に在った神戸製鋼を使わせてもらうなどで勉強させた。養殖科は、全国各地に在る公立水産試験場や海苔などの養殖業者にお願いして実習させた。それらの実習結果を下関分所に帰ってレポートや卒業論文として提出させた。このような便宜的な方式の授業だったが、昭和二十二（一九四七）年三月には、釜山水産専門学校に昭和十九年度に入学して引き揚げて来た学生八四名を水産講習所の卒業生として社会へ送り出した。

再興・第二水産講習所の誕生

これまで述べて来たように、水産講習所下関分所の開設当初から地元の官公民は、この暫定的な水産高等教育機関を恒久的なものとして存続発展させたいとの思いが強かった。その思いを実らせようと、下関水産専門教育機関設置期成会を結成した。同会が出した趣意書を次に要約する。

下関市は、地形上海陸の交通要所であり、殊に東シナ海、朝鮮海、日本海、太平洋へ出漁する漁業基地となっている。終戦後の現在、日本は、これまで経験したことの無いほどの食糧難に遭遇している。国民の健康保持のために海洋資源の利用する水産業の発展で活路を見出し解決しなければならない。

一方、私たちは、水産業の発展には水産専門の高等教育機関の設置が欠かせないことを認識している。だから、戦時中、東京の水産講習所遠洋科を下関に設置するために土地造成などの工事を進めていたが戦争激化でやむなく中止になった経緯がある。戦後、下関市の吉見町に、釜山から引き揚げて来た釜山水産専門学校の学生を水産講習所に転入学させるための下関分所を開設されたことを私たちは大いに喜んでいる。

ところで、この下関分所を所管する農林省は、昭和二十一年度に新入生を募集して恒久的な教育機関にしようと予算を要求したが、大蔵省の予算査定では財政難を理由に削減されてしまった。その結果、下関分所は、新入生を募集することなく釜山水産専門学校の引揚学生を転入学させるだけで昭和二十三年に廃所となる運命になってしまった。これは、日本の水産の雄都として長年水産の高等教育機関の必要性を唱えて来た下関市民として傍観するには忍びないことである。したがって、この際、市民は結束して下関分所が恒久的な水産を専門とする高等教育機関として新たに発足することを要求する。

以上が趣意書の要旨だが、この中の始めの項にある戦後の食糧難に対処する活路として水産に目が向けられていたことは、国が次に示した水産学部や水産学科の誕生を承認していたことが端的に表している。つまり、国は戦後の極度の食糧難状態の脱却を目指し、その中で動物性蛋白の欠乏を水産物に求めていたということだ。

一九四六年　旧制鹿児島水産専門学校（北洋漁場を失い南方漁場に活路を求め新設）
一九四七年　京都大学農学部水産学科
　　同年　私立三重水産専門学校（一九五〇年、三重県立大学水産学部）
一九四八年　東北大学農学部に海洋学講座
一九四九年　広島大学水畜産学部
　　同年　長崎大学水産学部

国会水産委員会でも、水産系の学部学科が雨後の筍のように出て来るのに半ばあきれたような意見とともに、水産技術は、日本列島内だけで国民を養えなくなったら外国へ移民する場合に、すぐ役に立つ技術だから増えすぎても構わないと言った向きの意見も出されたほどであった。一言で言えば、戦後の食糧難を背景に水産ブームが起きていた。

この期成会の活動資金は、下関の水産関連団体から広く集められているが、中でも賛助会員として下関市内の一五九の町内会を通じて各戸の市民からも拠出されている。これは、下関市が水産関係に関わる家庭が多かったことを示すとともに、下関が市民を挙げて如何に水産の高等教育機関の設置を望んでいたかの表れである。このように下関全市民の熱意を結集して誘致運動を展開し、また先述の食糧難を背景にした水産ブームの後押しもあって、その結果、下関市として最初の高等教育機関を設置することが出来た。これが後述する第二水産講習所の誕生である。この市民を挙げての運動があって現在の水産大学校があることを関係者は肝に銘じて語り伝えて行くとともに、そのときの市民の期待に応えているかを常に問いつづけてもらいたい。

昭和二十二（一九四七）年四月二十五日、農林省は、戦後日本の再建のために水産教育の拡充強化の必要を認め、水産講習所の官制を改正し、従来の水産講習所（当時横須賀市久里浜に在った）を第一水産講習所とし、水産講習所下関分所を廃止して新たに第二水産講習所を設置した。これで下関市を中心とした西日本の水産関係の官民の要望に応えた水産の高等教育機関が整った。

第二水産講習所と釜山水産専門学校との大きな違いは、釜山では漁業科、製造科、増殖科（養殖科改称）の三科だったところに新しく機関科を設置したことだった。機関科は、水産講習所の本貫に当たる第一水産講習所をはじめ水産の専門学校のどこにもなかったので、漁船の機関技術指導者を水産で育てることは、水産界全体の強い要望だった。

前述のとおり、戦争直後の日本は水産に活路を見出そうとしていたが、戦争で多くの船舶と同時に乗組員も失っていた。だから、水産業界としては、漁船の機関技術者不足が深刻な問題であり、また、遠洋漁業への進出も含めた漁船漁業の期待に応えるための要望でもあった。なお、第二水産講習所は、修業年限を製造科と増殖科を四年、漁業科と機関科を五年とした。従来高等商船にあって高等水産にはなかった機関科の設置は一つの看板になって現在も引き継がれている。

昭和二十二年度から第二水産講習所としての新規入学学生を募集するとともに、下関分所の学生の教育もつづけた。一期生および二期生の募集には陸士海兵をはじめ旧軍隊関係の優秀な応募者が多かった。第二水産講習所の一期生は、募集学生総数一六〇名のところ一〇〇〇名以上の受験応募者があり、吉見町にあるバラック校舎では狭くて試験ができないので試験場は下関中学校（現下関西高校）を借りて実施した。

当時の受験状況を含めて、引揚者の苦労、若者の水産指向などを第二水産講習所一期生の内山昌也氏が『滄溟』六五号[29]に理解しやすく記述しているので、その中から第一回の入学試験から入学直後までだけを抜粋して次に転載させていただく。

（私が）第二水産講習所を受験したのは、終戦より二年目の昭和二十二年の春であった。（私は）現在の中国東北地区の大連で終戦を迎え、昭和二十二年二月十一日、厳寒の大連から貨物船を改造した引き揚げ船大瑞丸（五～六千噸）で故国日本へ向かって出港した。途中厳寒での無理のため肺炎で母を船中で亡くし舞鶴に上陸したのは十八日頃で、福岡の祖父母の家に家族五人で帰り着いたのは二十日前後のことであったと思う。当時は食料も逼迫しどこへ旅行するにも米を持参するか外食券（注8）がなければ食堂でも旅館でも食事ができない状況であった。大変な時代になったと思いつつ、父は職もなくこのままではどう仕様もなかったが、幸いにも田舎なので米には不自由しない程度の耕作をしており、また親類が大変よくしてくれたので何とか生活することが出来た。

でも、このままではどうにもならぬので父に仕事をしようか思う、と相談したら専門学校程度は絶対に行けとのことだった。このような食料事情では水産立国での仕事をと思い偶然新聞で目にした第二水産講習所の案内を見て受けた次第である。月謝も年二四〇円位なのでアルバイトや奨学金で何とかやって行けると思った。

大連では旅順高等学校（注9）の理甲に進学していたが終戦により（同校建物は）ソ連の司令部となり（同校は）、廃校となった。内地の高校に転入できぬこともなかったが、大学迄行けば七年もかかり、（それは）とても家庭の状況が許してくれなかった。

第二水産講習所の受験場所は今の下関西高等学校で、周囲に泊めてくれる宿もなかったので、思い切って学校の門前の家に訳を話してお願いしたところ快く泊めていただいた事を憶えている。その時もう一人将校の軍服を着た二十五歳位の旧軍人の人も来られ一緒に泊まって翌日受験した。色々とお互いに話をしたところ旧陸軍の航空少佐とのことで、一般学校で再教育を受ける為、また、今後は水産

注8　第二次大戦時および戦後の主食の統制下で、（家庭外で食事をする）外食者のために発行した食券（広辞苑）。昭和十六（一九四一）年～四十四（一九六九）年の間実施された。

注9　日本の支配下にあった関東州旅順に設立された官立旧制高等学校。

で仕事をしたい為に受験するとのことであった。

翌日の試験場では、旧陸海軍関係に居たと思われる服装の受験生が多くて驚いた記憶がある。入試が五月十八日で入学式は七月十五日頃であった。入学式で初めて学校を見て驚いた。全然学校の形をしていない。校舎は旧海軍のバラック建物で、我々の住む寮に至っては、今から考えてみればひどい代物であった。

寮生活は夜ともなれば、(寮の)食事では空腹でたまらず、洗面器を鍋代わりにして、薪を集めたり、また、寮の羽目板を失敬したりして部屋の火鉢や炊事場でハージャン(注10)造りにいそしんでいたものである。食材をどうして集めたかは失念したが、今思えばいつも空腹であった様に思う。

授業については、一年生の頃は昔の寺子屋式の感じで先生と生徒が一体となった気持ちがしたものである。我々のクラス四十数名の三分の二は、旧陸海軍学校や高等商船出身者が居り一年の夏季実習(注11)でも同級の海兵出身者が教官の代行で指導したりしていた記憶がある。一年生はこの夏季実習で始まった。体育祭は吉見小学校の運動場を借りて腹をすかしながら仮装行列などもやった。食料事情の悪い中でも楽しく過ごした気がする。(以下略)

この内山氏の文章にもあるように、第二水産講習所に入学した学生たちの主力は、戦時中に陸軍士官学校、海軍兵学校や陸軍幼年学校に進学していた優秀な人たち

注10　釜山水産専門学校時代に朝鮮人から伝わった「おいしい」の意味の言葉。学生が自分たちで煮炊きして作る食べ物をハージャンと称した。語源は中国料理に使うエビ醤から出たと思われる。
注11　海で仕事をする基礎として、新入年次には夏休みの期間を利用して水泳、ボート漕ぎなど体で覚えさせる訓練をした。

だった。一方、教職員の確保は、昭和二十三年で廃校になり失業することがわかっていたときの水産講習所下関分所では集めるのに苦慮したが、恒久的な第二水産講習所の見通しがついた頃から明るくなってきた。それでも施設だけはお粗末なものだった。この優秀な人材とお粗末な施設で学生たちは、校外実習を含めた勉学で身体と頭を磨いていった。なお、筆者が知る限りでは、戦後、水産へ進学した人たちの多くが、異口同音に「一次産業に関係していれば食いパグレが少ない」と食糧難の事情の反映を動機に挙げている。こうして釜山から引き揚げて来た水産専門学校は軌道に乗り始めた。

だが、順風静穏を得たかに見えた第二水産講習所だったが、新制大学昇格問題という新学制の大波の中に放り込まれることになる。この大波の根源は、突き詰めると水産講習所の歴史に関わる問題であり、農林省と文部省のどちらが所管するかの問題であり、戦後進駐して来た連合軍との関係であった。

これらの問題は、いずれも当時の日本の水産が進む方向の根幹にかかわっていた。中でも水産講習所の所管を農林省に置くか文部省に置くかの所管問題は、大波となって第二水産講習所を襲った。その時の痛手は今日に至るまで外地引揚専門学校が抱える大傷となって癒えることなく引きずっている。

第四章　所管省庁と学制改革

水産講習所の所管問題

国が水産講習所を農林省（農商務省・農林水産省を含む　注1）で所管するのか文部省（文部科学省を含む）で所管するのかという所管問題が浮上して、国会等で取り沙汰されたのは次に取り上げた三つである。順を追うと、一番目は大正三（一九一四）年に水産講習所（現東京海洋大学の前身　注2）の学生がストライキを打ったとき、二番目は戦後の新学制で第一水産講習所（現東京海洋大学の前身）が東京水産大学に昇格するとき、三番目はこれも新制大学昇格に絡んで第二水産講習所（現水産大学校）が農林省所管の単科大学を目指したときである。一・二番目は三番目に深くかかわっているので記述する。

なお、そもそも水産講習所の所管問題が農林・文部の両省間で起きた発端について、島津淳子は、「法政大学大学院経営学研究科経営学博士学位論文」[50]で、次のとおり書いている。

明治十四（一八八一）年に農務省が新設されて産業教育の所管をめぐり、農商務省と文部省が対立した時からだと言う。農商務省が設置されると、諸学校の管轄は文部省から農商務省へ移されたが、翌年には産業教育に関する管轄権は駒場農学校と商船学校を除いて農商務省から文部省へ戻された。ここにおいて水産学校および実習補習学校は文部省が、専門学校は農商務省が管轄することになった。その後に設立された水産伝習所（水産講習所の

注1　明治十四（一八八一）年農商務省を設置。大正十四（一九二五）年農商務省を廃止し、農林省と商工省を設置。昭和十八（一九四三）年農商省を設置。昭和二十（一九四五）年農商省を廃止し、農林省と商工省を設置。

注2　東京海洋大学の変遷。明治二十一（一八八八）年水産伝習所（私立、大日本水産会）、明治三十（一八九七）年水産講習所（官立、農商務省管轄）、昭和二十二（一九四七）年第一水産講習所（農林省管轄）、昭和二十四（一九四九）年東京水産大学（農林省管轄）、昭和二十五（一九五〇）年（文部省管轄）、平成十五（二〇〇三）年東京海洋大学（文部科学省管轄）。

前身）は、農務省の管轄下に置かれることになる、と言う。

・大正三年の水産講習所

先ず一番目の水産講習所の創設から大正三年の所管問題までの初期沿革を『東京水産大学百年史』(63)より拾い出して箇条書で簡単に示す。

・明治二十二（一八八九）年　水産伝習所の開所（私立）。初代所長関沢清明。

・明治二十六（一八九三）年　二代目所長村田保。

・明治二十八（一八九五）年　村田所長、農商務省へ官設の水産教育機関設置を上申。

・明治三十（一八九七）年　農商務省管轄の官設水産講習所創立。農商務省農務局長の藤田四郎が所長兼務。

・明治三十六（一九〇三）年　初代所長に松原新之助就任。

・明治四十四（一九一一）年　一月、松原所長退官。下啓介が所長就任（大正四年退任）。

この後に所管問題が表面化した。

大正三年十一月十四日の東京朝日新聞は、「水産生徒の退学決議—解散式と帰郷の準備—」(01)（写真5）という見出しで、当時、東京の越中島に在った水産講習所の所管が農商務省から文部省へ移管されることに反対した学生が大同団結して退学した行動を次のように掲載している。比較的短い記事なので全文転載する。なお、読みやすいように筆者が句読点を加えた。

移管問題に反対し、爾来、紛擾を極めつつありし水産講習所生徒一同は、兎に角、大浦農相の帰京を待ちて処決せんと、十二日、赤坂にある三会堂に各自の保証人の集会を要求し、問題の経過を報告すると共に、各自の決意を披歴したるが、同夜に至り政府の意向が飽く迄も移管の断行

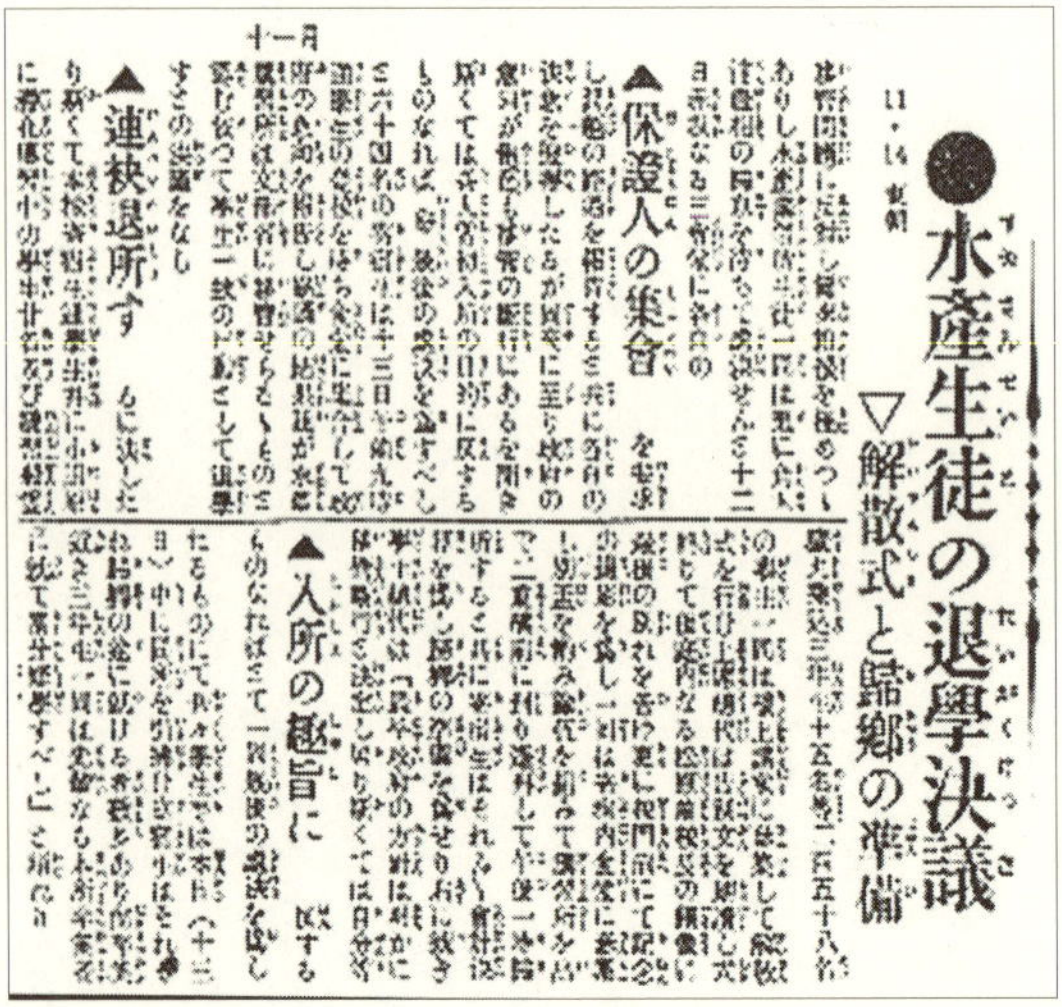
●水産生徒の退學決議
▽解散式と歸鄉の準備
11・14 東朝
▲保證人の集合
▲入所の趣旨に反する
▲連袂退所す

写真５　水講事件を報じる『東京朝日新聞』（大正３年11月14日）

にあるを聞き、斯くては、吾人当初入所の目的に反するものなれば、愈々最後の処決を為すべしと六十四名の寄宿生は、十三日午前九時、通学生の登校を待ち食堂に集合して政府の意向を報告し協議の結果、我が水産講習所は文部省に移管せらるものと認む。

依って学生一致の行動として退学す、との決議をなし連袂《れんべい》退所するに決したり。斯くて本校寄宿生通学生、並びに小田原（注3）に滞在伝習中の学生廿名、及び、練習船雲鷹丸乗込三年生十五名等二百五十八名の学生一同は、楼上講堂に参集して解散式を行い、上席総代は、告別

注3　明治三十五（一九〇二）年に竣工した小田原の実習場。

文を朗読し、式終りて後、校庭内なる松原前校長の銅像に最後の別れを告げ、更に、校門前にて記念の撮影を為し、一同は寄宿食堂に参集し、別盃を酌み隊伍を組みて講習所を出で二重橋前に到り遥拝して、午後一時、帰所すると共に、寄宿生はそれぞれ会計決算を為し、帰郷の準備を為せり。
右に就き学生総代は「最早、政府の方針は、明かに移管断行と決定し居り、斯くては自分等入所の趣旨に反するものなればとて一同最後の処決をなしたるものにて、吾々学生は、本日（十三日）中に同所を引払い、寄宿生はそれで帰郷の途に就ける者数多あり、尚、卒業近き三年生一同は、先輩なる本所卒業者に就いて当分修学すべし』と語れり（写真5）。

この水産講習所を退学した学生の顛末を先に述べると、学生の行動が、水産講習所の同窓を始め関係者を動かし、実業家の渋沢栄一を動かし、水産伝習所（講習所の前身）の二代目所長を務め貴族院議員も務めた村田保らを動かし、さらに、時の政府、大隈重信内閣を動かした結果、文部省への移管は取りやめとなり、村田らが学生の中に入って復学させて円満解決させた。そこに至るまでの経過については、渋沢青渕記念財団龍内社編集の『渋沢栄一伝記資料』[11]第四十六巻二二にある「伊谷以知二郎伝」に詳しいが、全面転載に紙面を割くことはできないので抜粋する。

まず、「大正三年十一月一日、是より先、十月二十九日、政府は当講習所が従来農商務省所管ナリシヲ文部省ニ移管スル旨ヲ発表ス。爾来反対運動起リ、是日倉光吉郎・松原新之助ハ栄一ヲ訪ヒ事情ヲ述ブ。後、栄一、二六新報・中央新聞・雑誌東洋ニ反対意見ヲ発表ス」と前置きがあって、つづけて次の経緯の記述がある。

大正三（一九一四）年十月二十九日、政府は、行政整理の一環として、農商務省所管の水産講習所の水産教育部門を文部省に移管し、水産試験部門を水産試験場と改称して農務省の所管にする旨発表した。これは、水産講習所関係者にとって晴天の霹靂だったという。

ここに示されている水産講習所の教育部門と試験部門を切り離すことについて、水産にかかわる科学的知識はまだ乏しいので、水産の教育は、調査・試験・研究を進めながらその結果を教材に使う泥縄式で進めねばならない。だから、現時点で教育部門と試験部門を切り離すわけにはいかないのだった。

この年は、四月に第一次山本権兵衛内閣から第二次大隈重信内閣に代わり、一木喜徳郎文部大臣は学制統一を実現しようと商船学校と水産講習所の文部省移管を内閣に提案した。商船学校は武富時敏逓信大臣の反対で実現しなかったが、水産講習所は大浦兼武農務大臣が賛成したので、大正四年四月から文部省に移管することとなった。

この話は水産講習所の関係者にとって寝耳に水だった。この農務省から文部省に移管することは、水産講習所創立の精神に背くもので、水産界の実状を知り尽くしている者にとって耐えられない話なのだ。水産講習所の同窓会（現楽水会の前身）、京浜地区の水産実業家集団の水産実業団体、水産政策や時事問題を研究している水産同志会の三団体が、文部省移管に反対の声を上げた。東京都下の新聞雑誌の論調も移管反対だったので、世論も移管反対に同調した。

十月三十日、水産講習所出身者六〇名ほどが赤坂にある三会堂に集り、「世界の大勢を見ても、産業に関わる教育機関が文教に関わる人に一任している例はない。実際と教育が離れていく恐れがある今日、産業を担う農務省から文部省へ移管することは水産界の進歩発展を阻害するものであって、現代教育の弊害を助長するものでないか。我々は、母校創立の精神に背き、歴史と伝統と特色とを傷つけるが如き文部省移管に断じて同意することができない」として反対の決議をして、そのための実行委員一六名を選出した。

実行委員会は、全国の同窓に檄を飛ばし、東京で同窓会を開き、次の名士大隈首相、大浦農相、一木文相、貴衆両院議長、各政党代表者、村田保水産翁、松浦厚伯爵、渋沢栄一男爵、中野武営（元衆議院委員、実業家）、松原新之助水産講習所初代所長、その他を訪問して反対運動を展開することを決めて、翌十月三十一日、十一月一日には、実行委員は手分けして、全国の同窓へ檄を飛ばし、ある者は大隈重信の私邸を訪ね、また、ある者は渋沢栄一を訪ね、ある者は大日本水産会の副総裁の村田保を鎌倉に訪ね、と手分けして名士へ陳情している。その時の渋沢と村田の対応を次に記す。なお、この水産講習所の文部省移管反対運動を便宜上本稿では「水講事件」と仮称させていただく。

渋沢栄一

・東京高等商業学校の申酉《しんゆう》事件

この水講事件が起きる五年ほど前の明治四十一～四十二（一九〇八～一九〇九）年に、文部省移管反対で共通している事件が、東京高等商業学校（現一橋大学）でも起きて、この時、渋沢栄一が中に入って治めた。これは、明治四十一年が申歳、四十二年が酉歳だから「申酉事件」と呼ばれている。

申酉事件は、当時、文部省が東京帝国大学法科大学内に商業学科を新設することを帝国大学の教授会に承認させ、東京高等商業学校の専攻部を廃止する省令を出したとき、これに反対した東京高等商科学校の学生全員が、正門前で「校を去るの辞」を朗読して万歳を唱え、帽章を外して退学を決議した事件である。このとき、渋沢栄一が代表を務める商議委員、東京・横浜・大阪・京都・神戸の五商業会議所委員、父兄保証人の三団体が、学生に紛争解決に尽力すると約束して学園復帰を説得した。三団体の尽力の結果、専攻部廃止を四年間猶予することになり、その後、明治四十五（一九一二）年に文部省は専攻部廃止省令を撤回している（『一橋大学広報誌ＨＱ２６』[23]）。

渋沢の考えは、民による下からの自主的な教育システムを求めるから国家の須要だけでなく社会の需要に応える教育が必要になって来たのだ、と言う（大澤俊夫[33]）。

・水産講習所の水講事件

大正三年十月三十一日に、倉光吉郎と松原新之助が渋沢栄一男爵を訪ねて事情を説明した。それを理解した渋沢が二六新報、中央新聞、雑誌東洋の記者等に考えを話した内容が、三紙の記事に掲載されている。(11)　それらの中から二六新報の記事を転載する。

水産講習所移管を決行せんとする政府は、一体法の人によるものたるを知らず、総べてを法に当て篏《はさ》めんとする著しき傾向あるは洵《まこと》に遺憾とす、学制統一に理由を藉《か》りて、水産講習所を文部省に移さんとするが如きは、法に拘泥するものにして、弊害を醸すに過ぎず、水産講習所は設立の当時目的は既に学校設立にあらずして、実習所設立にありたりと云ふ事なるが、爾来此目的に向って二十五年間の貴き歴史の造られたるを、今に至りて文部省所管に移さんとするは、歴史と実際とを無視したるものなり、而も学制統一を口にする政府にして、陸軍の大学校・士官学校・幼年学校又は海軍の大学校・兵学校等を文部省に属せしめざるは奇ならずや、無論政府は学者として漁夫としての完全なる水産家を造らんとする意志ならんも、這は到底現在の経費節減時代にありては不可能の事にして、政府の理由とする行政整理とも矛盾するを如何せん、水産講習所現在の予算は十二万円と云ふ事に聞く、此の僅少なる経費中に於て、従来の実施の外に更に学者を造る設備を為さんとするは能ふ事にあらざるは明かなり、即ち講習所は現状の儘にて可なり、自分も札幌農大水産科出の余りに実際に疎きには苦き経験ある者の一人なれば、日本が海外に発展せんとする今日講習所を文部省所管に移し学者を製造せんとする政府に対しては反対を標榜し、尚ほ自分は国産奨励の趣旨より政府に対し進言する処あるべし。

これが二六新報の記事だが、この中には記述がないが中央新聞、雑誌東洋にはある記事を拾い出すと、中央新聞には、明治四十一（申）年〜四十二（酉）年に起きた東京高等商業学校（現一橋大学）の騒擾《そうじょう》を引き合いに出した前述の「申酉事件」の話がある。

雑誌『東洋』には、渋沢が、これから日本が水産国として世界の海で活躍しなければならない最も大事な時だけに、この所管問題は打ち捨てておくわけにはいかない、と言った前置と、文部省には学理研究の札幌農科大学水産科があるので、理論家を造るのにはそれで十分ではないか、とも言ったと記述されている。

つまり、渋沢氏は水講事件でも「水産も（商業教育と）同じで農商務省所管じゃなければならない。また、水産学者を育てるのは帝国大学の水産学科に委ねて置けばいい。水産講習所で学者を育てる必要はない。水産講習所は実務教育に尽くす」と言っている。

・山本権兵衛内閣を総辞職させる

村田　保

まず、この所管問題にかかわった村田保（一八四二〜一九二五年）の人物像を簡単に触れる。村田は天保三（一八四二）年に大坂の唐津藩屋敷で生まれ、十歳で江戸に出て法学を学び、明治十八（一八八五）年〜二十三（一八九〇）年の間に唐津藩出身者として元老院議官を務め、明治二十三（一八九〇）年には国家への勲功や学識が認められて貴族院議員に勅任された（任期は終身）。大正三（一九一四）

年三月の貴族院議会で、村田は、海軍が軍需品を購入していたドイツのシーメンス社からの贈賄が発覚したシーメンス事件で、山本（権兵衛）内閣を追及して総辞職に追い込んでいる。

少し横道にそれるが、村田が邪心のない姿勢で世を捉えて、荒っぽい言葉も混ぜながらも山本権兵衛に内閣辞職を迫るところは、水産講習所を文部省に移管することを断念させた勢いと相通じるところがあるので少々紙面を割いて、参考のために貴族院議事速記録第十四号(05)（大正三年三月十三日）にある村田貴族院議員が山本総理を糾弾した演説から四か所を拾い出して転載する。なお、筆者が、片仮名を平仮名に、現代語標記に、一部の読点を句点に改めた。

①貴族院と云うものは今の内閣の生存を望まないものである。今の内閣は国家の体面を傷つけ、人民の与論に背き、唯衆議院の多数を頼んで頑として動かないのでございます。此時に於いて此貴族院たるものが国民の与論を容れ、政府を誅罰しなければ、将来国家は如何なる不詳を来すかも測られぬと思います。

②山本大臣閣下よ、閣下は人間の最も貴ぶ所の名誉、廉恥と云うことを本員は御存じなくはないかと云うことを疑います。何となれば人民が閣下に対しまして、公然公衆の前に於いて閣下を国賊と言って居るではありませんか、又海軍収賄の発頭人だと云うことを申して居ります。又閣下の面貌は監獄へ行けば類似のものは沢山あると言って居ります。是等の語は人の名誉を毀損し、人を侮辱すること是より甚だしいものはないと本員は思います。

③山本権兵衛伯よ、伯は今日小学校の児童なりと雖も、閣下を土芥糞汁の如く悪口を致して居るではござりませぬか、如何でございます、一国の宰相たる者が、海軍の大将と云う者が、小学校の生徒までに斯く如く侮辱せらるると云うことは、実に我々国民としては慨嘆に堪えぬのでございます。実に之をば平然として居られると云うのは何事でございます。
④昨年桂内閣に対しまして政友会は他党と苟合いたして政府に不信任案を提出いたしました。人民は又憲政擁護を唱えて多数群衆をして、衆議院は大門を開いて其多数の人民を出入りさせ、院内の議員の応援をさせました。此騒の時に山本伯閣下は政友会の本部に行かれまして幹部と意気投合の上自ら桂公爵を訪い勧告して辞職せしめ、内閣を引渡させたのではござりませぬか、抑人に辞職を勧告しながら已は辞職せぬと云うような不徳義千萬なる卑劣漢は、日本国に閣下の外にはないだろうと存じます。

なお、村田はこの演説の途中で徳川家達議長に、無礼の言葉遣いで注意を受けるが、山本権兵衛総理大臣に辞職を求め、同時に自分自身が神聖なる議場を不詳不吉な言語を用いて汚した罪とこれまで傍若無人の態度だった無礼を詫びて貴族院議員を辞職して、以降鎌倉での隠居生活に入っている。

・大日本水産会を設置

この村田と水産との結びつきの発端はベルリンでだった。明治十三（一八八〇）年～十四年の間、村田はドイツに留学して行政裁判官のグナイストの下で法律の勉強をしていた。そのベルリンで松原新之助と出会ったことで水産と結びついたのだった。

松原は、後に、水産講習所の初代所長に就いた人で、嘉永六（一八五三）年、松江藩士の子として生まれ、十八歳で上京して東京医学校（東京大学医学部の前身）に入りドイツ人のヒルゲンドルフから生物学を学ぶ。明治十三（一八八〇）年、ベルリンで開催された万国漁業博覧会に内務省御用係勧農局事務取扱として明治十二年から派遣されていた。

村田は、グナイストから日本の海にはドイツの一〇倍の魚種がいるが、漁獲量はどのくらいか、どんな漁船、漁具を使っているかなどの質問を受けたが、村田は何も答えられなかった。ここで、ドイツには、皇太子が総裁を務める水産協会があって水産の指導奨励をし、その他にも水産教育機関、水族館があり一般国民に水産の知識を広めていたことを知った。

松原は、漁業博覧会で、ドイツの大型養殖真珠の生物学的解説、イギリスの海洋調査機器、スイスのマス養殖と湖水調査、イタリアの海洋生物研究、出品者の説明と討論等々各国の水産振興への取り組みに敬服させられている。

村田と松原の二人は、ベルリン滞在中に会う機会があり、ドイツを始め各国が水産と取り組み発展させていることに驚嘆させられたこと、日本でも水産開発を勧めることが大切であるという点で二人の考えが一致した。帰国後、二人は日本に官民一体となった水産振興組織が必要だと熱心に説いて賛同者を募り、その結果、明治十五年一月に大日本水産会が創設された。

村田は、元来水産に関わりのない法律が専門であるにもかかわらず、富国の根底を為すものは殖産事業であるが、陸の産業とともに海の産業が重要なことは論を待たない、という信念で説き、また、水産国の日本に水産専門部局がないのは不合理だとも主張した。

明治二十一（一八八八）年に、大日本水産会は水産教育機関の設置を東京府に提出して、私立の水産伝習所を誕生させ、欧米視察で得た豊富な知識をもっていた農商務省水産局の関沢清明を所長に就けた。明治二十六（一八九三）年に関沢は自ら捕鯨業をやりたいと要望して所長を辞任し、後任に村田が大日本水産会の小松宮彰仁親王殿下から委嘱されて、二代目所長に就いた。その村田所長を松原が支えている。村田は、明治二十八（一八九五）年に農商務省へ官設水産教育機関設置を上申し、翌明治二十九（一八九六）年に水産伝習所官設建議案を衆議院に提出して可決され、明治三十年の水産講習所官制公布にもって行った。なお、この項は、主に東京水産大学同窓会誌『楽水』海老名謙一の「水産伝習所長物語Ⅲ・Ⅶ」「水産講習所長物語Ⅰ」[31]を参考にした。

・大隈重信首相を説得

こうして見て来ると、村田保は、政界で山本内閣を総辞職に追い込んだ厳父の面と、水産界では水産講習所の生みの親とも呼べる慈父の面を持っていた。慈父の面で日本の水産に尽力し、明治三十一（一八九八）年には小松宮親王より水産翁の称号を賜わっている。

話は戻る。前述したように、大正三（一九一四）年十月三十日、水産講習所の出身者が赤坂の三会堂に集まり、水産講習所を文部省へ移管することに反対する決議をして反対運動実行委員会を結成した。同三十一日、実行委員は鎌倉で隠居生活を送っていた村田を訪ねて、反対運動への協力をお願いした。

村田は事態を憂い、慈父の面で十一月二日に、大日本水産会の緊急役員会で水産講習所の文部省移管に反対する態度を決定すると、一方で大日本水産会村田副総裁の名をもって厳父の面で大隈重信首相と大浦農相に具陳書を提出している。

その書の中に、水産講習所は、現在、卒業すると直ちに水産界の実状に沿って就業して問題なく働いている。それが文部省に移管されて、一般学校と同じ規定で教育されると、斯業開発に適切な人材の養成にならない。また、水産講習所は生徒の養成をするだけではなく、水産行政に資するための試験機関でもある。それが、もし文部省に移管すれば、別途、新たに試験機関の設置を要する。だから、「(農務省所管の)水産講習所の(文部省)移管は、行政の整理並びに経費節減の政策として、共に何等の益あるを見ざるなり」と主張している。

一方、同窓会、水産実業団、水産同志会は、十一月二日に築地の精養軒に臨時の事務所を設けて関係各方面へ反対運動を呼びかけ、翌十一月三日には、在京同窓会を赤坂三会堂で開き、百余名の会員が「吾人は、世運の進歩と時代の趨勢に鑑み、実業教育は産業主管の官省に直属せしむるを時宜《より》に適する政策なりと認む。仍て水産講習所の移管に反対する」と宣言した。

さらに、村田は、先の具陳書に追い打ちをかけるように、十一月七日、大隈首相の私邸を訪ねて水産講習所移管が如何に不条理不利益であるかを説得している。だが、この問題は閣議決定した事項であり、一木文相も職を賭しての主張であっただけに、そう簡単に覆されるものではなかった。

水産講習所の学生たちは、下啓助所長の熱意の不足と大隈首相の誠意のなさを思い、十一月八日に再度学生大会を開き「吾人は、一致団結我が水産講習所移管問題の撤回を期し、断じて入学の目的に反する教育を受けず」と建白書を提出し、下所長に反省を求めている。

十一月十一日には、村田は、東海道線の国府津駅（小田原市）で関西から帰京中の大浦農相を待ち受けて乗車同行し、車中で水産講習所の文部省移管を中止するよう懇願している。しかし、このような努力にもかかわらず、翌十二日の定例閣議において水産講習所が文部省へ移管することは決定された。

水産講習所の同窓会、水産実業団、水産同志会など関係者は、直ちに改めて別途私立水産講習所の設立の相談を開始した。その一方で学生たちは、本項の冒頭に掲げた新聞記事のとおり全員退学の行動に出たのだった。

結末は、先に触れたとおり、学生に無条件で復学を許している。これは事実上、政府が世論の反対に抗しきれず文部省移管を中止したことになった。もし政府が移管を強行していれば、その後の水産講習所の運命が極まったであろうが、さすが大隈首相は水産界の将来を洞察して、学生を始め水産業界一致の要望をよく聴き入れて、その後、水産講習所の移管問題に手を触れなかった。おそらく、これは文部省に禍根として残ったであろう。

以上が大正三（一九一四）年の水産講習所の所管問題の顚末だが、余談を記す。この時退学を決議した学生たちの中に、釜山高等水産学校の創設に深くかかわった北野退蔵がいた。北野は、水産講習所を大正五年に卒業しているから、大正三年当時は二年生であったかと思われる。朝鮮総督府の北野技師が穂積局長を動かし、穂積局長が杉浦水産講習所所長を動かし松生教頭を得ている。加えて、穂積局長は釜山高等水産学校の開校に際し、水産講習所方式を採用している（第一章で既述）。

この人を動かす北野のエネルギーの源は、おそらく、北野が大正三年の農林省所管問題を経て筋金入りの水産講習所支持者として育ったことによるのだろう。

昭和二十三年の第一水産講習所

・国会質疑討論

二番目の水産講習所の文部省移管問題は、戦後、昭和二十二（一九四七）年の学制改革で、旧専門学校などが四年制の新制国立大学に再編されるときに出て来た。すなわち、東京の第一水産講習所が新制の東京水産大学になる際に、それまでの農林省所管から文部省所管へ移管する問題が出て来たのだ。先の大正三年の文部省移籍問題以降、三十余年経過し、その間、農務省が農林省に代ってても農林省の所管は継続していたのだが、昭和二十五（一九五〇）年から文部省の所管に移ったのだ。その経緯を国会関連資料等から順を追って拾い出すと次のようになる。

昭和二十三（一九四八）年十一月二十五日の国会文部委員会第七号で、[07] 第一水産講習所、高等商船学校、逓信官吏練習所など特殊な教育機関を文部省直轄（所管）に統一する方向で進められているのかという質問が出された。

これに対して文部事務官の回答は、理想的には全ての大学を文部省が所管することが望ましいと考えている。だが、予算確保という実行面では、各省庁が獲得した予算の中で運営した方が有利な場合がある。だから、基礎教育は文部省管轄、実践面では他省の応援を得ることも必要かと考えられる。ただし、これは国家的立場で、将来の発展を考えた上で決定すべき問題であるから、文部省は他省と話合をしている段階だと答えた。

この回答ではわかり難いので、少し砕いて文部省が言わんとしたことをわかりやすく表現すると次のようになる。

大学の所管問題は国家的見地から見なければいけないから、文部省としては大学の全てを文部省が所管することを理想だと考えている。だが、各大学が少しでも多く国庫予算を着けてもらいたいと思えば、これまで所属している省庁、すなわち第一水産講習所の場合だったら、水産庁の応援も必要だろうから文部省は、第一水産講習所を文部省所管の大学と想定して、予算獲得の点では農林省と話し合っている。

同じ昭和二十三年十二月七日の衆議院水産委員会二号で、[12]第一水産講習所の所管問題ついて、水産講習所出身で衆議院の鈴木善幸議員が（注4）、第一水産講習所は産業界に密着して実践的な学徒を教育する機関だ。だから、文部省所管でなく農林省が所管することが望ましいが、農林大臣はどう考えているかと質問した。

注4　前年の昭和二十二（一九四七）年に社会党所属で初当選（昭和二十四年に民主自由党所属）、後、一九八〇年に総理大臣になった。三十七歳の時の質問。

これに対して時の農林大臣は、過去の経験実績から見ても水産教育は水産行政と水産業の実体に即して行われることが望ましいが、学制の統一を勧める国として最もよい方向を目指して文部省と折衝中だと答えている。

この鈴木議員の質問は、卒業生を含めた第一水産講習所の意見が集約されたものとみていいだろう。対する農林大臣の回答は、表現は違っていても、内容は前項の文部事務官の回答と全く同じである。

昭和二十四（一九四九）年三月二十五日の参議院水産委員会三号(12)で、農林省水産庁の次長は、水産庁長官（飯山太平）と文部次官との間で、人事や教育の問題は文部省管轄、予算を始め技術的問題は水産庁の管轄で行くことで大筋の話が決まったが、もう一つ、行政管理庁の意見を聴かなければならないという絡みがあって最後の折衝をしている。ただ水産庁としては、水産教育がうまく行くのであれば、予算獲得は従来通り水産庁が行う方がいいかと思う、と説明している。

つまり、これは前年の文部事務官と農林大臣が回答した通り、文部省と農林省は事務官レベルで話し合ってはいるが、昭和二十三年七月に新設された行政管理庁（注5）が行政制度一般に関する基本的事項を企画する権限を持っているから、この問題は両省だけで決められない、と言っているに過ぎない。

昭和二十四年四月九日の衆議院水産委員会六号(14)で、鈴木善幸議員が、水産教育は産業教育である要素が強いの

注5　戦後新設された機関。行政庁管理庁設置法第一条の一に「行政制度一般に関する基本的事項を企画する。」同第一条の五に「各行政機関の行政運営に関する監察を行うこと」。

で、今後、文部省と水産庁で緊密な連絡を取りながら、水産教育の適正化を図っていかねばならないが、文部省は、今後、水産教育に力を入れて行くと言うが、文部省の教育方向は学研的面が強調されて、産業の第一線に立って実務的、実践的に指導する人材育成の面では物足りなさを感じる。この点、文部省はどう考えているか、また、第一水産講習所の所管問題で文部省と農林省の間で話し合われている経過について質問した。

文部省事務官は、新制大学は専門分野だけを深く貫くのでなく学問や研究の将来の素地を養うための基礎学問をやるところに特徴があると述べ、つづけて、個人的には第一水産講習所が従来の専門学校の規定でやって行くのも一案ではないかと考えていたが、農林省には、他の専門学校が大学になる中で水産だけ置いて行かれることは避けたい思いがあると述べ、だから、ぜひ新制大学の規格に合った大学にしたいという希望で、大学設置委員会へ新制大学の申請をされた、と答えている。また、教養面と基礎学科を文部省、技術面では農林省という両省の話し合いが進められていたが、行政管理庁から、それでは責任の所在が不明確であり、政府の学校で学校教育法による学校であるのなら、文部省一本で統轄するのが当然だ、と指示があった。そこで昭和二十八（一九五三）年三月三十一日までは農林省所管にする話を進めていたが、行政管理庁から昭和二十五年三月三十一日まで農林省所管に修正された、と答えている。

飯山水産庁長官は、大学設置法の精神からみて、農林省所管は非常に難しい。また、文部・農林の両省で管轄する案も責任の所在が不明確になるからだめだ。それで、行政管理庁から農林省の所管する現在の第一水産講習所の学生がいる今後約四年間は、農林省の所管で、以降、文部省の所管にする案が出されて両省で認めた。だが、別の関係筋（文部委員会だろう）がこの案を認めず、一年間だけ農林省の所管で、昭和二十五年度から文部省の所管に移る案が出されて、現在、文部省と農林省の両省で話し合っている。おそらく、第一水産講習所が農林省所管であるのはこの一年間だけで決定されるだろう、と答えている。

再び鈴木善幸議員が文部事務官に以下の質問をした。水産教育の運営で水産庁と文部省との間に連絡機関か、あるいは、文部省の中に水産の実態に合った教育をやるために、水産業界の指導者を加えた水産教育審議会のようなものをつくる意思があるかどうか。また、文部省の水産教育方針を示されたが、実務面が軽視されているように受け止められる。この実務面での対策をどう考えているのかと問いただした。

これに対して文部省事務官は、水産出身の教師だけでは高等教育機関として教養面と基礎学科で教師不足になる。だから、水産を総合大学と結びつけて立派な教師が出るようにしたい。また、水産界の実態に即した技術面を尊重して、文部省で足りないところは農林省に協力いただき、形式上では文部省所管となっても弊害が伴わないようにしたいと考えていると答えた。

これらに飯山水産庁長官は以下のとおり付け加えた。第一水産講習所が水産の新制大学になって文部省と農林省の両省共管の案は受け入れられなかったが、文部省所管となっても、従来の水産教育の実態を失わないようにしたい。そのために、農林省は、例えば練習船をつくるなどの水産教育に関する予算を獲得できる根拠をもちたい。このことは公式扱いにはならないので、次官同志の覚書にする。

以上の経緯を踏んだ結果、昭和二十四年五月二十二日の国会文部委員会第一八号[08]で、政府附則として、第一水産講習所は東京水産大学となり、昭和二十五年三月三十一日まで農林大臣の所轄となる、と明記されるに至った。なお、飯山太平は自叙伝『水産に生きる』[28]（一九六六年、水産タイムズ社）で、第一水産講習所を昭和二十五年度から文部省に移すことは、GHQの至上命令だった。その年度の予算は農林省で編成したが、GHQの担当官（エール）に見つかって、昭和二十七年度から予算計上も農林省を離れた、と書いているから次官同志の覚書も反故になったのだ。

ともかく、これで第一水産講習所は昭和二十五年度から文部省所管で新制大学の東京水産大学に昇格することで落着したわけだが、前述した大正三年の移管問題の時に、反対の大きな根拠になった事項の一つに、水産講習所は生徒の養成だけでなく、水産行政に資する試験機関だから、文部省に移管すれば、別途、新たに試験機関の設置を要するので、経費節減の政策に逆行する、という指摘があった。だが、鈴木善幸議員の質問ではこの点に全然触れられていない。その理由は次にある。

実は、水産講習所の試験部門は、昭和四（一九二九）年に教育部門から分離されて農林省水産試験場として別途設置されていた。つまり、大正三年に移管問題で取り上げられた試験機関の扱いに関する問題は、言わば既に解決済みだったのだ。

もう一つ、大正三年のときは、水産講習所は実学として実技修得を目指して、学者を育てる学理は旧帝国大学系の水産教育機関に任せるべきだという主張であったが、水産講習所の同窓生や学生のほとんどが母校の発展を望んでいるわけだから、戦後の学制改革の下で母校が大学に昇格申請することに反対する理由がなかったわけだ。たとえ反対する人がいてもその数は少なく、大正三年のような同窓生や学生の結束は無理だっただろう。この辺のことを飯山太平は、「学生の気質も昔と違って来て、大学になれば学士様になれる。その気持ちが働いて積極的に文部省移管に反対を示さなかった」と書いている（『水産に生きる』二一〇頁）。

それでも、食糧難の当時、国民の水産に対する期待が大きかった上に、当時の水産界には、ともかく水産教育は農林省の所管で進められるべきだとの考えは根強くあった。それが、先の鈴木善幸議員の一連の質問として出されたわけだ。

昭和二十四年の第二水産講習所

三番目の移管問題は第二水産講習所の新制大学昇格問題に絡んで起きている。これまで度々述べたことだが繰り返すと、第二水産講習所は、昭和十六（一九四一）年創設の釜山高等水産学校から釜山水産専門学校となり、戦後、釜山から下関へ引揚げて水産講習所下関分所を経て第二水産講習所となった学校だ。釜山創設時に実学を重んじ、産業界での実務実践に強い人材育成の水産講習所の教育方針を植え付けて、それがようやく芽吹いていたころの引揚げだった。だから、なんとか引揚げて来たものの廃校の憂き目に遭おうとしたとき、東京の水産講習所が我が子の行く末を案じる父親のように面倒を見てくれたおかげで、下関分所となって再生した経緯がある。付け加えておくと、釜山時代は朝鮮総督府の殖産局の骨折りで創設されたにもかかわらず、所管は殖産局でなく学務局だった。これは、内地で言えば農林省でなく文部省が所管していたことと同じである。

ところで、この第二水産講習所も昭和二十四年に新制大学への昇格を申請したが、そのとき所管を農林省か文部省かの問題が生じている。ただし、大正三年の水産講習所にしろ、昭和二十三年の第一水産講習所にしろ、単独の高等水産教育機関を、農林省所管から文部省所管に移管する問題だったが、この第二水産講習所の場合は、新制山口大学との絡みがあったので、それだけ複雑だった。

・帝国大学誘致競争

昭和二十一（一九四六）年八〜十月に、文部省は極秘の「学校整備方針案」を作成した。その中で帝国大学及官立大学の項に「外地に於ける帝国大学等の廃止の実状並に我が国の帝国大学の地理的分布の実状等を考慮して北陸地方、中国地方及四国地方に帝国大学を設置する。官立大学に付いても同様の趣旨に依り増設を考慮する。この場合当該地域にある専門学校との関連を十分考慮する」とある。また、別項には「農学部は既設学科と睨合わせて水産学科、畜産学科等増設拡充を考慮する」ともある（羽田貴史『戦後大学改革』[67]三五頁　一九九九年、玉川大学出版部）。

つまり、これは帝国大学の地方配置構想とも言われ、第一次吉田茂内閣のとき田中耕太郎文部大臣（昭和二十一年六月八日〜二十二年五月二日）の下で「学校整備方針案」が作成され、昭和二十一年の秋に文部省の教育改革プランの一環として決定され、その中に戦前から内地の七地域にあった旧帝国大学（北海道、東北、東京、名古屋、京都、大阪、九州）に相当する総合大学を、旧帝国大学がなかった北陸、中国、四国の三地域にそれぞれ設置する考えが盛り込まれていたということなのだ。

この帝国大学の地方配置構想、すなわち、旧帝大に匹敵する総合大学設立構想を受けて、中国地域では、岡山県が戦前の大学令に基づく旧官立大学（注6）の岡山医科大学を中心にした総合大学構想、広島県も旧官立大学の広島文理科大学を中心にした総合大学構想を打ち出し、山口県も独自に産業に絡めた総合大学構想を描いて誘致競争に乗り出した。

そんな誘致競争の中で旧官立大学がなかった山口県は、本来なら吉田松陰の松下村塾を持ち出したかったかと思うが、何しろ戦争直後、連合国軍最高司令官司令部ＧＨＱ（General Head Quarters）が、日本に対して戦前の教科書にあった吉田松陰を削除させた経緯があり、松下村塾を表に出すわけにはいかなかった。そんなこともあってか、山口県は産業を採り挙げて総合大学構想を描いた。すなわち、山口県は、農産物、水産物、鉱業資源、工業製品などの産業生産量が中国地域で最も多いことを前面に出し、それらの産業に対応した学部を配置した構想を出したのだ。

山口総合大学誘致の経過は、山口大学のホームページの「山口大学の来た道―４」[(25)]にあって、その中の参考資料として、昭和二十一年から二十三年までの防長新聞か

注６　帝国大学は主に官僚を養成、旧官立大学は各専門分野を養成する大学。分野別の旧官立大学は次のとおり（　）は現在の大学名。
《商業分野》東京商科大学（一橋大学）、神戸商業大学（神戸大学）
《工業分野》東京工業大学、大阪工業大学（大阪大学工学部）、旅順工科大学（戦後廃校）
《教育分野》東京文理大学（筑波大学）、広島文理科大学（広島大学）
《医学分野》千葉医科大学（千葉大学）、新潟医科大学（新潟大学）、金沢医科大学（金沢大学）、岡山医科大学（岡山大学）、長崎医科大学（長崎大学）、熊本医科大学（熊本大学）
《神学分野》神宮皇学館大学（戦後廃校）

ら拾い出した関連記事が添付されている。その防長新聞の昭和二十一年二月十八日付記事[24]に、山口県は山口市と萩市を学都、その他の都市を商工都市として発展させる。特に下関市は関釜連絡船の復活で新生日本の玄関とし、また、水産県に恥じない漁港施設を整備する旨記され、つづけて、新総合大学（仮称　防長総合大学）を設立するとある。これは、文部省の帝国大学の地方配置構想案が議論されている段階の情報を基に、山口県が動いていたということだ。

また、昭和二十二年八月八日の同紙には、防長総合大学設立運動の第一段階として、新制大学昇格候補の専門学校などの関係学校と、山口県、山口市の関係者二十余名が参集した第一回協議会を開催した。これは、文部省が決定した「学校整備方針案」に対応して、山口県が具体的に動き出した現れである。

昭和二十三（一九四八）年になると、防長総合大学から山口総合大学に名称を変えて構想はより具体化され、一月二十七日の記事には、山口総合大学専門委員会から、文学、理学、経済学、法学、教育学、工学、医学、農学、家政学の九学部設立の案が出されている。この山口総合大学専門委員会には新制大学昇格を希望する関係専門学校などが参加しているが、この中に第二水産講習所は参加していないし、また、設立学部案の中に水産学部も入っていない。

山口総合大学案に関連して第二水産講習所の名称が出て来る同紙の記事は、昭和二十三年二月二二日付にある。そこには、山口県総合大学は学部構想として文学、理学、経済学、法学、教育学、工学、医学、農学、家政学部の九学部を掲げ、ここまでは一月の記事と同じだが、備考として「第二水産講習所を収容することが出来る場合には、本大学の水産学部とする予定」と書き加えられている。これは第二水産講習所が単独で大学昇格を目指していたことによるのだろう。

昭和二十三年五月一日の同紙の記事は次のとおり。

山口総合大学設置最終案として、経済、文理、学芸、工学の四学部案を正式に採択し、正式な大学設立申請書を作成し四日に文部大臣に提出する。なお、第二水産講習所を母体とする水産学、それに農学、医学を加えた三学部及び学芸学部別科の設置は、別途、新構想を建てて、設置意見書、関係地元市町村の設置決議書、他学部を含めた全学部に関する総合意見書などを作成して、五月七日に山口県から提出する。

また、昭和二十三年五月二十三日の記事には、総合大学誘致運動のために上京している山口県副知事等一行は、東京で地元選出国会議員と懇談会を開き、既に国立大学として確定的となった旧山口高校、山口経済専門学校、師範学校、宇部工業専門学校の外に、小月飛行場の兵舎を農学部、下関市吉見の第二水産講習所を農林省から文部省に移管して水産学部を獲得すべく、積極的活動を継続することを決定している。だから山口県としては第二水産講習所を山口大学の水産学部に組み入れたい意向だったのだ。

だが、同年七月の同紙の記事に、国立山口大学設立申請書を文部大臣の諮問機関である大学設置委員会へ提出して受理されたので、官立の山口経専、宇部工専、旧山口高校、山口師範、青年師範の五校は大学昇格への目途が立ったが、第二水産講習所の水産学部については目途が立っていないとある。このことから第二水産講習所が山口大学の水産学部になることへ難色を示していたことが伺える。

・一県一大学方針

　ところが、これまで文部省が考えていた金沢、中国、四国地方に設立する国立総合大学設立案は、昭和二十三年七月に変わる。それは、GHQの教育担当部局のCIE（注7）の動きに合わせて、文部省が同年一月十二日に、各府県に一つの公的管理大学の設置を目標とする大学案を出していたのだ。つづいて同年七月六日に、CIEから高等教育機関の再編成を指導する基本的原則、いわゆる一一原則（注8）が部外秘で提示された。この中に国立大学編成計画で「一地域一大学主義を推進する」という項目が入っていた。それは、文部省方針案と大きな食い違いがなかった[67]（羽田一〇九頁）。

　だから、文部省はこの一一原則を受け入れて、同年七月には一府県一大学の方針を固め、実施要領案が出された。その中に、但し、北海道、東京都、愛知県、京都府、大阪府、福岡県を除き、「同一地域にある官立学校はこれを合併し一大学とし、一府県一大学の実現を図る」「学部または分校は他の府県に跨らぬものとする。」という項目が入っていた（羽田一一八頁）。つまり、旧帝大

注7　民間情報教育局、Civil Information and Educational Section の略称。戦後日本の教育、文化を担当。新制大学や国立国会図書館をはじめとする公共図書館の設置に関与した。

注8　一九四八（昭和二十三）年六月上旬にCIEが草案を作成。その中に「各都道府県に少なくとも一つの国立大学が設置されること」、「新制大学を少なくとも各府県に一大学統合・組織する。できれば一九四九年四月一日までに完成すべきである」、「各府県には総合大学を少なくとも一つ置くこと」などがある（羽田一一八頁）。ただし、この一一原則の内容自体は、文部省のそれまでの方針と大きく違う所は少なかった（羽田一二〇頁）。

を中心とする大都会地域では複数の大学の設立も認めるが、前記六地域を除く県では一大学に統合することにしたのだ。

ただ、この時点では、埼玉県の旧制浦和高等学校、佐賀県の旧制佐賀高等学校、長野県の上田蚕糸専門学校などのように一県一大学制に反対する県も出た。主な理由は、全国の旧制高等学校の学生数は、旧帝国大学の学生数とほぼ同じで、難しい学部を望まなければ、旧制高等学校は旧帝国大学へ入る予科的な存在だったので、入学できればエリート学生だった。だから、旧制浦和高等学校は旧東京帝国大学へ、旧制佐賀高等学校は旧九州帝国大学へほとんど入っていた。そう言った過去の実績に照らして、埼玉県の旧制浦和高等学校は新制東京大学と、旧制佐賀高等学校は新制九州大学と都県をまたいで統合を希望したのだ。だが、これは認められなかった。また、長野県の旧制上田蚕糸専門学校は単科大学を希望したが、衆議院文教委員会で否決されて信州大学の繊維学部になった。

少し余談を入れると、旧制佐賀高等学校は、昭和二十三年に最後の新入生を受け入れたが、一年後の二十四年に新制佐賀大学になったので、彼らは改めて入学試験を受けねばならなかった。筆者が以前会った旧制佐賀高等学校最後の入学者は、エリート学生の誇りが新制大学を受験することに抵抗感があって、やむなく退学したと話してくれた。なお、旧制佐賀高等学校の同窓会は、菊葉同窓会と称して新制佐賀大学の同窓会とは一緒になっていない。だから、先のエリート学生だった方は、同窓会に行っても後輩がいないと話していた。こういう思いもお構いなしに、当時泣く子も黙るGHQをバックに一県一大学は施行されたのだ。

この一県一大学への方針が出されたことで、いろいろ問題も生じたが、ともかく、中国地域で岡山県や広島県と旧帝大級の総合大学誘致競争を繰り広げる中で、産業を表に出して競っていた山口総合大学としては、無理して第二水産講習所を水産学部に組み込む必要が薄らいだ。ただし、同一地域内の官立学校を合併させる方針に変わりはないから、一県一大学の原則に照らすと第二水産講習所は山口大学の水産学部に組み込まれないままでの国立大学への昇格はあり得ないことになった。

ところで、昭和二十三（一九四八）年十一月三十日の防長新聞の記事には、山口総合大学決定版と題して、明春（昭和二十四年）四月に文理学部（旧山口高校）、経済学部（山口経専門）、教育学部（山口師範、青年師範）、工学部（宇部工専）、農林学部（下関市長府町元神戸製鉄寄宿舎を予定）、水産学部は、第二水産講習所が、現在農林省所管のため文部省へ移管の上総合大学の一学部に編入されるはず、とある。おそらく、この記事は、第二水産講習所が山口大学の水産学部に組み込まれるはずだ、と見越して書いたものだと思われる。

以上が、地方紙の防長新聞の記事から読み取った新制山口大学の昇格に関する記事だが、これらの中で、第二水産講習所を山口大学の水産学部に設置することと、農林省所管から文部省所管へ移すことに関しては、当の第二水産講習所よりも山口県の主導で展開されているように見受けられる。これは県内の官立学校の統合を勧める国の方策に、山口県が沿った行動であることはもちろんだが、その他にも次の理由があった。

戦後、釜山から引揚げて来て下関市で、東京の水産講習所から支援を受けながら水産講習所下関分所として引揚学生を受け入れてもらい、その分所から独立して第二水産講習所を設立する際、財政難の国は、昭和二十二年から二十五年までの四か年間の設備資金三八九万余円の二分の一を地元負担とした。その地元負担は、昭和二十二年度は山口県と下関市がそれぞれ二七%、地元水産業界が四六%、昭和二十三年度から二十五年度の三か年は、三者それぞれ三分一ずつ負担する形で協賛を得ている。もっとも、その後の日本経済のインフレによる物価高騰で学校建設費もかさみ、計画を二年延長し金額も大きく膨らんでいるが、それはそれとして、ともかく、第二水産講習所は山口県に大変お世話になっていたのだ。

このようにお世話になった山口県が、第二水産講習所を水産学部に位置付けた産業を表に出した中国地方の帝国大学構想を持っている山口総合大学構想がある限り、第二水産講習所は山口県傘下から外れるわけにはいかなかった。中国地域で旧帝国大学に匹敵する総合大学誘致競争で、山口県にとって競争相手の岡山県や広島県の水産業が瀬戸内海を対象とした水産業に対して、遠洋漁業基地として日本有数の水揚げ量を誇る下関に水産学部を設置することは、誘致競争を有利にする条件だと示されれば、裸一貫で釜山から引揚げて来て何とか起ち上がれるように支援してもらっていた恩があるだけに、義理堅い田中耕之助所長としては、第二水産講習所が山口総合大学案の水産学部を断って、単科大学で行くとは言えないのは当然であった。でも、その帝国大学構想が一県一大学構想で消えたので、第二水産講習所は、山口総合大学から切り離して農林省所管の単科で大学昇格を望めるようになったのだ。

・農林省所管の山口県立下関水産大学

ともかく、第二水産講習所は単科で新制大学昇格への申請を出して、昭和二十四年一月に文部省大学昇格審査官の審査を受けたが、不合格だった。ただし、この時、第二水産講習所は、農林省所管の単科大学として国立ではなく、山口県立下関水産大学の名称で山口県から国へ申請されている。おそらく国立の単科大学では、国の一県一大学の方針に抵触して認められないことを見越していたからだろう。なお、第二水産講習所は、昭和二十四年十一月に再審査を受けて、その結果、山口大学水産学部として昇格が認められたが断っている。

この第二水産講習所が山口県立下関水産大学で申請されたことは、羽田貴史氏の『戦後大学改革』[67]に記載されている「表1—1不合格大学地域別一覧」で、中国地域の公立の欄に一大学とあり、「表1—2新制大学審査不合格理由一覧」でも公立大学の欄にS水産大学（所管農林省）とあることから判断できる。もっとも、この表で羽田氏は、申請大学名の〇〇大学の〇〇の欄は全てアルファベットで表している。だが、S水産大学が第二水産講習所であることは、昭和二十四年三月十三日付の朝日新聞に、所管省でもめぬいていた商船大学、東京水産大学、下関水産大学の中で下関だけが不合格とあり、また、同年三月十九日付の毎日新聞でも、新制大学九四校の第二次審査合格の記事の中に、大学昇格が不適当と認められたものとして下関水産大学とあることからも明白である。

第二水産講習所の大学昇格の申請書が山口大学と一緒に提出されたことは『二十五年史』[53]の中で

田中耕之助所長の回顧談にもある。一方、文部省は申請書に対して、一一原則に対応するように指導し、計画全体を調整した[67]（羽田一二二頁）とあるから、たとえ山口県が文部省に下関水産大学を国立の単科大学として提出したとしても、文部省が一県一大学の原則に照らして受け付けるはずがない。やむを得ず山口県は県立大学で申請したのであろう。念を押すと、農林省所管を望む下関水産大学は、山口大学の水産学部ではなく農林省所管の山口県立下関水産大学として申請されていたのだ。

なお、山口県立水産大学構想の下地は、水産講習所下関分所を第二水産講習所に昇格させるとき既にあった。当時の青柳山口県知事は、国立が難しければ県立大学で考えてもいい旨の話をしている。だから山口県としては県立下関水産大学構想が唐突に出て来たわけではなかったのだ。そこまで農林省所管にこだわった理由の説明は次に記述する。

・農林省所管で水産実学を継承

第一水産講習所が文部省所管になって新制の東京水産大学に昇格することは、水産伝習所・水産講習所・第一水産講習所の同窓生や関係者にとって喜ばしいことだったが、その半面、危惧する向きもあった。これは、前述したが、大正三（一九一四）年の所管問題で一旦閣議決定までされた文部省移管を反対して農林省に留まらせた経緯の中に、反対した学生の退学決議もあったが、渋沢栄一の「陸軍や海軍の高等教育は、文部省ではできないからそれぞれの省で実施している。水産も同じで農商務省所管じゃなければならない。また、水産学者を育てるのは帝国大学の水産学科に委ねて置けばいい。水産講習所で学者を育てる必要はない」、村田保の「水産講習所の役割は水産界の実状に沿って就業して問題なく働いている。それが文部省に移管されて、一般学校と同じ規定で教育されると、斯業開発に適切な人材の養成にならない」といった時の大物の主張があった。

その点、昭和二十三年の第一水産講習所の文部省移管問題は、大正三年から二五年ほど経ち、また、戦前と戦後で世の中は大きく変わったこともあるが、先人が、言わば血の出る思いで文部省移管を阻止した経緯をただ過去のものとし、置き去るわけにはいかない。先の鈴木善幸議員が国会で行った質問等はその現れの一端でもあるが、でも現実には第一水産講習所は文部省に移管されることになった。それは、大学昇格は学生や同窓会の諸氏にとっても喜ばしいことであったからだ。だから、大正三年のような反対運動は起きなかった。でも、文部省に移管された結果、長年先輩の努力で培ってきた水産実学の火が消えることを危惧する卒業生がいたのは当然である。

当時、こんな思いで最も責任を強く感じる立場にいた人は、直接水産講習所の教育方針に関わっていた第一水産講習所の松生義勝所長、第二水産講習所の田中耕之助所長、水産庁の飯山太平長官である。この三人は、水産講習所の卒業生で、田中が明治四十四（一九一一）年、松生と飯山が大正二（一九一三）年に卒業している。だから三人とも大正三年の移管問題が起きた時は、田中が卒業して三年目、松生と飯山が卒業の翌年だから三人とも、渋沢や村田が主張して貫いた水産講習所の教育理念、並びにこの時の水産実学を表に出しての反対に強い衝撃を受けたはずだ。しかも田中と松生は、当時、母校の水産講習所で助手を務めていたので、当の学生たちと接していたし、飯山は、その後、水産庁長官の立場に立って、第一水産講習所の移管問題を国会で説明してきたから、高等水産教育のありかたに強い関心を持っていたことは間違いない。

その三人は、言わば、かつての渋沢や村田が主張した水産実学の火を絶やさないよう火の番役の立場であった。国会で鈴木善幸議員が質問したのは、この三人をはじめとする水産実学の火が消えることへの危惧の表れでもあった。ともかく第一水産講習所は文部省所管の新制大学になった。そこで出て来た知恵は、第二水産講習所を農林省所管の大学昇格で申請することだ。そうすれば、第一水産講習所が文部省に移管されて、もし水産に欠かせない実学教育が思い通りに継承されない大学になったとしても、第二水産講習所が農林省の所管であれば、明治二十一（一八八八）年以来燃やし続けて来た水産講習所の実学教育の火種は、第二水産講習所に残ることになる。もしもの時は、この火種を使って大きく燃焼させれば良いわけだ。もっとももこの水産講習所の火種を守る考えは三人が共謀しなくても、それぞれがそれぞれの立場で苦慮していればたどり着く到達点だ。参考のために、この三人がそれぞれ表した言説を次に示しておく。

田中は、釜山高等水産学校創設で校長に招聘されて以来、水産実学と「海を耕す」ことの大切さを説き「海を耕すのが水産人の使命」と日頃の朝礼で繰り返し訓示しきた。松生は、後に（昭和三十三年）、田中の後を継いで下関の水産講習所の所長を受けるとき、第三章の練習船「耕洋丸」の命名の項に書いたとおり、新しい練習船の船名を初代練習船と同じ「耕洋丸」と命名することを条件に出している。これは、田中の水産実学と「海を耕す」の精神をもった教育方針を踏襲するという決意の表れでもあった。

飯山は、昭和二十四年十二月二十日の国会の水産委員会（第三号）(09)で、「第二水産講習所はあくまでも技術に立脚した本当に働く第一線における指導者を養成して行きたいと考えて、第二水産講習所だけは農林省所管というようなことで行きたいと、予算も計上しておるわけであります」と説明しているし、また、自伝の『水産に生きる』(28)（一九六六年、水産タイムズ社、非売品）の二一〇頁で次のように述べている。少々長いが関連箇所を転載する。

水産講習所を文部省に移管せよといったのは当時のGHQの命令であった。農林省も水講（水産講習所）側も文部省にしたのでは思うような予算は出ない反面、専門学科であるから金はかかる。好ましくない状態になることはあきらかであるので、もともと反対だったが、GHQの至上命令であるから止むを得ない。

農林省と水講は仕方なく文部省と話合いのうえ、予算だけを計上して農林省へそのまま存置しようということにした。GHQからは昭和二十五年度から文部省へ移管せよということだったが、その年は結局農林省で（予算を）計上しておいた。それが担当者のエールに発見されてしまった。そしてとうとう二十六年の予算編成で文部省移管がきまり、二十七年度から農林省をはなれ、（東京）水産大学となったわけである。

一方、学生側はその間どうだったかというと、学生の気質も昔と違って来て、大学になれば学士様になる。その気持が働いて積極的に文部省移管に反対を示さなかった。

水講（水産講習所）の移管問題で思うのだが、僕は、産業教育というものは、やはり（文部省所管とは）別途の学校でやるのが本当だと思う。文部省の大学令では、この種の産業学校を育てるのは好ましくない。独立してやらなければ満足にできないことだ。（中略）専門教育のあり方については、僕はこう考えている。

三人の考えの成否はともかく、第二水産講習所の田中所長は、昭和二十三年六月、地元下関にある同所の後援会に所管問題を諮っている。同会で議論された結果は、学問と現場が一体となった水産業の学府を建設するためには農林省所管であることが、絶対条件になるという結論に達した。

飯山水産庁長官は、こういった下関の水産界世論を得て昭和二十四（一九四九）年五月に山口県知事に第二水産講習所は単科大学として発足させたい旨の要望を出している。つづいて同年十月には、山口県知事、田中第二水産講習所長、同所後援会理事に対し水産庁の漁政課長が第二水産講習所は農林省の構想に基づき運営させてもらいたい旨の申し入れをしている。これで第二水産講習所も同所後援会も、農林省の構想に賛同した形がとられたのだ。

こういう経緯の中で第二水産講習所と山口県は、一県一大学の国の指示に従い、国立では駄目だから県立で申請して、昭和二十四年一月に大学昇格現地審査員の視察を受けたのだった。その結果は、先述のとおり不合格だった。それでも二回目の審査を同年十一月二十五日に受けて、その結果、山口大学の水産学部という条件付で大学昇格には合格した。だが、それでは文部省の所管になるので、前述のとおり水産講習所の実学教育の火種が消える。だから農林省も下関の水産界も山口大学の水産学部での新制大学昇格を断り、農林省の所管の水産講習所の教育機関とすることとしたのだった。

第一水産講習所が新制の東京水産大学に昇格したことに伴って、下関の第二水産講習所はナンバーを外して水産講習所と名称を変更した。同時に、水産の実学教育の火種を絶やすことなく大きくさせる基礎固めに励み、まず施設整備に取り掛かったのだが、不幸にして先の飯山水産庁長官が農林大臣との意見の衝突もあって、昭和二十五年に罷免され（後、人事院から取り消す判定が出た）、また、田中所長は練習船「俊鶻丸」の収賄事件（次章で詳述する）の責任を取って、昭和三十三年に引責辞職し、その後を松生が東京水産大学の学長を辞して、下関の水産講習所の所長を継いだが、道半ばで昭和三十八年に病気で亡くなられた。これで明治以来水産講習所が継承して来た水産実学教育の火種を守る存在だった三人がいなくなってしまったのだ。この三人の離脱は、農林省所管に踏みとどまった下関の水産講習所にとって大きな誤算だった。以来、この移管問題は今日の水産大学校にまで引きずることになるのだが、これは次の第五章で説明する。

第五章　新教育制度以降

これまで述べてきたとおり、昭和二十（一九四五）年に韓国の釜山から引き揚げて来た釜山水産専門学校の学生たちは、下関市吉見町の旧海軍施設を使って開校した下関分所に水産講習所（在東京）の学生として転入学できた。その下関分所は、昭和二十二年に地元水産業界や政界、それに市民の支援を得て第二水産講習所に昇格したので新入生を迎えた。と言っても、田舎の小学校よりお粗末と評せられる施設や学生へ配る資料に使う紙も借りねばならないほどの物資不足など、幾多の苦労の連続だった。それでも戦後の混乱期の外地引揚高等教育機関としては、まあ順調に経過して来たと見ていいだろう。

しかし、昭和二十四（一九四九）年の新制大学昇格ではつまずいた。農林省所管の単科大学を目指したが、これは、文部省所管だけを大学とし、また一県一大学にする国の方針に則って認められず、山口大学の水産学部に指定された。しかし、あくまでも関係者一同は、農林省所管の単科大学にこだわった。その結果、大学昇格は見送られた。

昭和二十七年に、東京の第一水産講習所は、文部省所管の東京水産大学（現東京海洋大学）として昇格したことに伴って、廃止された。それまで二つあった水産講習所が第二だけになったので、ナンバーの第二がはずされて水産講習所と改称された。つまり、着の身着のままで朝鮮から引き揚げて来た釜山水産専門学校が、兄貴の水産講習所が長年身に着けていた由緒ある服を譲り受けた形になったのだ。以降、昭和三十六（一九六一）年に水産大学校と改称されるまで、水産講習所と称されたから、この間、東京水産大学の前身の水産講習所と呼称で混乱することがあるので、本書では、両者を識別するため適宜的に「下関水産講習所」あるいは、「下関の水産講習所」と記す。

本章では、官立唯一の外地引揚高等教育機関が、新制大学の学部昇格を見送った以降、今日までに教育課程以外で出会った活動や事件を採り上げる。言い換えると、あらかじめ決めていた修業科目以外の言わば課外活動編として取り組んできた、悲喜こもごもの事項から外地引揚校の横顔を見ることにする。

練習船「俊鶻丸」の活躍と汚点

外地引揚げ後、兄貴のお下がりを着て下関水産講習所になったが、戦後、水産は、食糧難の中で特に不足する動物性たんぱくを水産物に頼らざるを得ない食糧事情が追い風になった。大雑把に見ると、昭和二十年代は、先にも述べたように食料産業とのかかわりを求めて水産を目指す若者が多かった。一方、昭和二十五（一九五〇）年に朝鮮で南北戦争がはじまり、日本に物資調達の兵站司令部が設けられたこともあって、物資が動き、それが当時の最新技術を入手するきっかけになるなどで、戦後日本の生産基盤作りが出来て来た。

昭和三十年代に入ると、その生産基盤が活動し始めたこともあって、神武景気だ、岩戸景気だ、と称される高度経済成長に入り、同時に食肉需給が右肩上がりに増えてきて、相対的に水産物への依存度が小さくなったが、それでも経済的には南氷洋捕鯨やマグロ漁業のような遠洋漁業を中心にした水産関係の仕事は収入が「陸の二倍ないし一・五培」という市井の声も手伝って、魅力ある産業であった。それに、練習船に乗って外国へ行けるなどの遊び心も加わって、まだ若者たちの間には水産人気が残っていた。

そうした中、昭和二十九（一九五四）年三月一日、アメリカはビキニ環礁で水爆実験をした。日本の水産業は、昭和二十年の終戦以来、GHQが日本漁船の活動範囲を規制して来たマッカーサーラインが、昭和二十七（一九五二）年四月に撤廃されて、「沿岸から沖合へ沖合から遠洋へ」のキャッチフレーズに乗って（注1）、赤道の南にまでカツオ、マグロを追い求めて勢いが出て来た時だった。中でもビンチョウマグロを加工した缶詰は、シーチキンと称されて、対米輸出の主力商品となり、絹より外貨稼ぎに貢献する花形産業に育っていた。

そういう状況下で、焼津港船籍のマグロはえ縄漁船第五福竜丸（九九トン余、乗組員二三名）は、三月一日にアメリカが行った水爆実験（ブラボー爆弾）で放射能を被曝した。以降、この水爆実験と下関水産講習所の練習船俊鶻丸が関わることになる。

同年三月十七日の衆議院水産委員会（議事録一八号）[15]で海上保安庁長官は、第五福竜丸の被曝時の状況などを衆議院水産委員会で略次のように説明している。

第五福竜丸は、アメリカがあらかじめ指定していた危険区域の外で操業していた。午前三時四十分頃、西南西方向に赤みがかった光の輝きを見た。その後、音が聞こえてキノコ状の雲が見え、それが空一杯に広がり、約三時間後に白い砂のようなものが降り続いた。その後は、北へ向かって現場を離れた

注1　おおよそ次の海域を漁場とする漁業。沿岸漁業は日帰りする海域。沖合漁業は二〜三日で帰港する海域。遠洋漁業は沖合より遠い海域。

が、二〜三日の間に乗組員が頭痛を覚え、七〜八日後に灰を被ったところが、火傷のようにピリピリ痛み始めた。そこで操業を切り上げて三月十四日焼津港に入港した。第五福竜丸の積荷はマグロ類八・六トンほどで、焼津で水揚げした後、東京、甲府、名古屋、大阪、県内に発送された。十六日の朝、東京市場に第五福竜丸のマグロが入荷したが、間もなく電話で、放射能で汚染しているから売らないでくれと連絡が入った。

　では、どうしてマグロの放射能汚染が分かったのかという経緯は、三宅恭雄の『死の灰と闘う科学者』[74]に詳しく出ている。それをかいつまんで記述すると次のとおりである。

　第五福竜丸が焼津港に入港した昭和二十九（一九五四）年三月十四日は日曜日だったが、乗組員たちは焼津協立病院に診察を求めた。当直の大井俊亮医師はビキニ環礁で水爆実験が行われたことを知っていたこともあって、（乗組員からの問診で）原爆症を疑った。翌十五日、大井医師の紹介で二人の患者が、東京大学医学部付属病院の清水健太郎教授の診断を受けた。この経緯が十六日の読売新聞朝刊に出た。それを読んだ静岡県衛生部の依頼で、静岡大学の塩川孝信教授が、大井医師を訪ねて乗組員の患者の頭部をガイガーカウンターで測定すると、強い放射能が検知された。十六日の内に、第五福竜丸の船体、漁獲物のマグロからも強い放射能汚染が検知された。

　再び衆参議院の水産委員会の議事録に目を通す。三月十七日から四月五日までの間に、衆議院は水産委員会を五回、参議院は六回開いているが、その中でビキニ環礁水爆実験に関する議論は、衆議院の水産委員会で五回、参議院の水産委員会で四回行われている。議論の内容は、生産者や流通業者を参考人に招いての意見聴取も含めて多岐にわたっているので、それらを整理すると略次のとおりである。

まず生産者関係。三崎無線局（神奈川県漁業無線局）など漁業無線局から第五福竜丸と同じ海域でマグロ漁を操業している他の漁船の船舶局へ、第五福竜丸がアメリカ指定の危険区域から離れた海域で被曝したことを伝えて警告した。だが、既に、第五福竜丸以外にも三崎の第十三光栄丸の船体、甲板上から強い放射能が検知されていた。また、三月一日の水爆実験以降、ビキニ環礁があるマーシャル諸島周辺海域で、マグロはえ縄漁を操業して、漁獲したマグロは放射能汚染していた。この衆参議員の水産委員会で、ビキニ環礁水爆実験が議論されている期間に、わかっていただけで灰を被った被曝船が一三隻あった。厚生省は、農林省と相談して塩釜、芝浦、三崎、焼津、清水の五港を指定して、水揚げマグロの放射能汚染を測定し、汚染マグロは二メートル以上の土を被せて処分し流通に乗せなかった。これは直接被害を受けた生産者にとっては死活問題だった。なお、七月七日の報告では放射能汚染で漁獲物のマグロ類を廃棄した船は、一四九隻。十一月末までに判明した放射能で汚染した漁船数は、指定五港で三一二隻、その他の港で三七一隻の計六八三隻。放射能汚染で廃棄された魚は四五七トン。

次に流通・消費関係。放射能汚染のマグロの話が新聞報道などで流れると、東京市場の入荷量や価格に大きな変化が出た。東京市場のマグロ類入荷量は十六日以降七四％に減少し、価格は十六日の中値がキロ当たり二一三円だったが二十三日には七九円に下がり、その後多少回復したが、それでも半値の一〇六円程度になった。新聞ラジオの報道で山奥に住んでいる人にまで魚を食べてはならないという宣伝が浸透して、マグロの影響が大衆魚のアジ、サバなどにまで及ぼした。寿司屋は大半が店を閉じ、魚屋は店を開けると二割か二・五割ほど売れるが、商売は成り立たない。だからと言って店を閉じると、逆に放射能の不安を煽ることになった。また、学校給食に水爆実験に関係ない魚を届けても、校長は子どもが下痢でも起こすと責任問題になると言って受け取らない。このように流通業界、小売り店舗などは営業が成り立たない状況の間接被害を被った。このような状況下で衆参両議院の水産委員会の議論を要約すると、次のような経過をたどって、ビキニ環礁の現場調査実施にたどり着いている。

アメリカの危険区域設定は、国際法による公海自由の原則に抵触するのでアメリカへ抗議し、また、日米合同調査か日本独自の調査でアメリカに直接間接を問わず損害補償を請求すべきだ。「アメリカの言いなりになるな」、アメリカとの交渉する役の外務省の身が引けているなどと日本国内では威勢のいい声が出るが、それも実際にアメリカという猫の首に鈴を付ける役は外務省の守備範囲であることを前提にした威勢のよさで、守備範囲を無視して「俺が鈴を付けてくる」といった意見や人物は出て来ない議論だったと言っていいだろう。敗戦後の日本の国力に照らすと議論が空転するのも当然である。

それでも議論は次のように進展して行く。魚は大丈夫だという宣伝が足りない。このままでは太平洋における漁業は壊滅する。水産業の死活問題だから漁民大会でも開いて国民世論を起こして、それをアメリカへ届けよう。国際世論に訴えることが最も有効だ。日本の現状から発言できるとすれば十分な科学的調査が必要だ。その結果が日本だけで通用するものではだめだ。そのためには危険水域の現場調査研究も対象にすべきで、また、マグロの汚染は海水からも考えるべきで、海水は流れているから影響が出る広範囲を対象にすべきだ。科学的調査の結果、水爆実験が重大な被害を与えるということが明確になれば今後の水爆実験を抑えるうえで役立つ資料になる。そのためにも日本は独自調査が必要だ（昭和二十九年衆議院水産委員会一八、一九、二〇、二一、二二号、参議院水産委員会一三、一四、一七、一八号）。

このような国会での議論経過を背景に、漁業の死活問題に直面する役所として科学的調査の矢面に立たされた水産庁の対応は、結果的に見て実に素晴らしかった。この水産庁が科学的な現場調査の取り組みに至った経緯を、俊鶻丸の調査に乗船同行した中部日本新聞の谷口利雄記者と俊鶻丸の駒野鎌吉船長はその書『われら水爆の海へ』(58)で、「三月末の衆議院水産委員会席上、政府関係の説明委員の清井正水産庁長官は、代議士諸公の『水産庁は調査の用意をもっているのか』という質問に『現在計画を進めています』と答えた。ウソから出た真か。—調査船の派遣は本決まりとなったのだ」と書いているが、先述の三月十七日から四月五日の衆参議員水産委員会の議事録を筆者が調べた限り、そういう箇所は見当たらなかった。まあ、ウソから出た真は、記者特有の話題性をもたせるご愛敬かと思う。

それはともかく、俊鶻丸が現場調査（図4の航跡図参照）を終えて帰港直後の昭和二十九（一九五四）

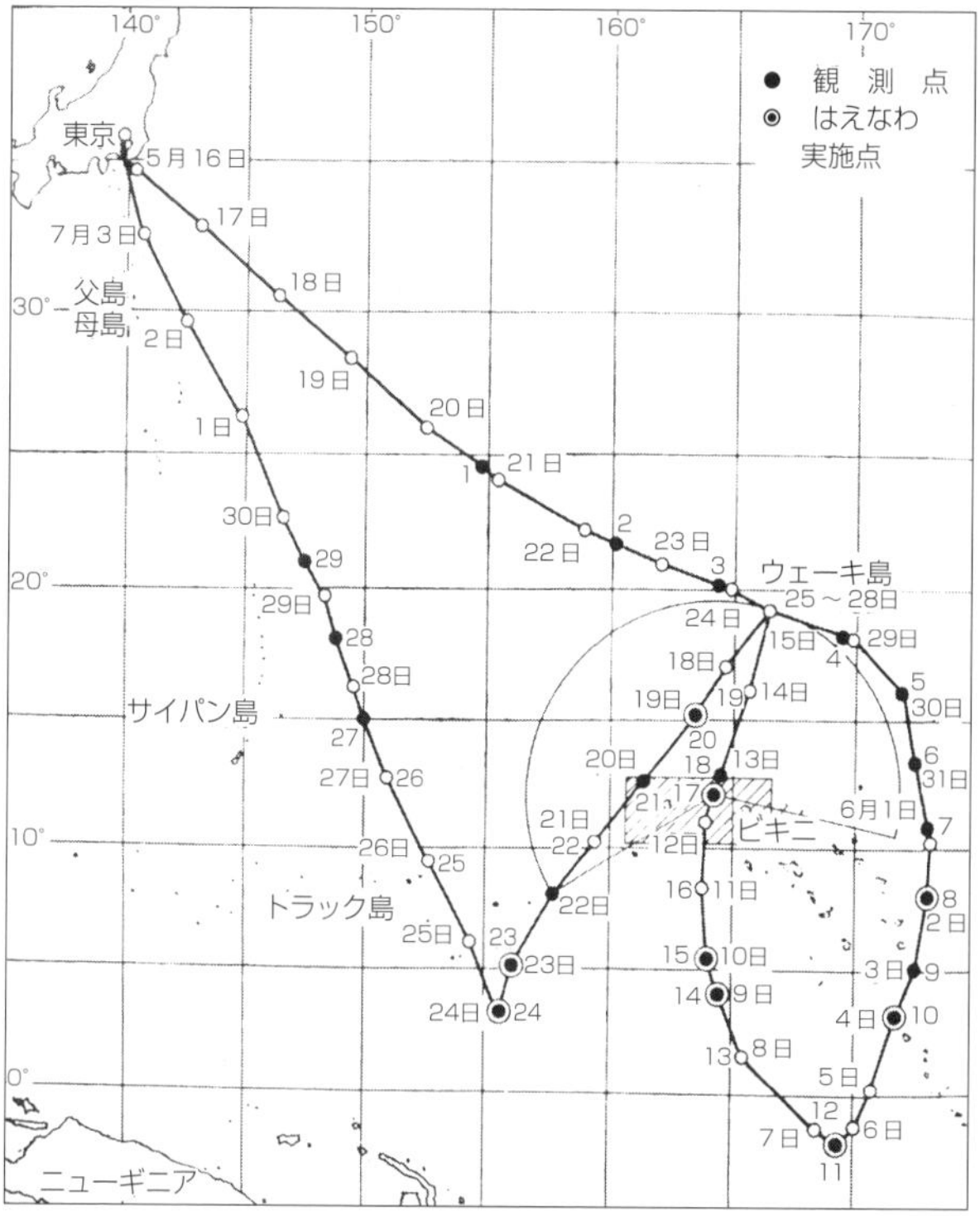

図５　ビキニ環礁調査「俊鶻丸」航跡図
（三宅泰雄『死の灰と闘う科学者』より転載）

年七月七日に、参議院水産委員会は、俊鶻丸に乗船した調査団二二名の内から六名（乗船）と乗船していない調査顧問団一四名の内から六名、合わせて一二名を参考人として招き、調査報告等を聴取した。その中で、調査顧問団の藤永元作水産庁調査研究部長は次のように説明している。三月十六日に第五福竜丸の被曝報道以来、水産庁としては、一日でも早く南方の漁場調査をやって根本的な対策をねらないと考えていろいろ準備を進めていた。その過程で、せっかく調査船を出すのだから、水産の立場だけでなく海水の汚染、大気の汚染等可能な限り広範囲を調査したいと考えて、日本海洋学会や日本水産学会に援助を求め、その一方で、厚生省、運輸省や学校の専門家にお願いして協力を求めた。四月十日ごろから会合を持ち四月二十日過ぎに調査計画が出来上がった。このセクショナリズムを超越した俊鶻丸のビキニ環礁調査団の結成が功を奏している。

当初、調査船の候補に挙がった船は四隻。これを船齢が古い順に掲載すると、俊鶻丸（一九二八年竣工、五八八トン、下関水産講習所所属）、海鷹丸（一九四三年竣工、七五四トン、東京水産大学所属）かごしま丸（一九五〇年竣工、六二八トン、鹿児島大学所属）、東光丸（一九五四年竣工、一〇九八トン、水産庁所属）の順になる。

水産庁が主体になって調査するのだから、文部省所管大学の海鷹丸やかごしま丸に頼んで使うよりも水産庁所属の俊鶻丸か、東光丸の方が使いやすい。この両船の船齢は俊鶻丸の二十六歳に対してこの年の三月に竣工したばかりの東光丸。一方、船体の放射能汚染の心配もある。また、ことによると、この日本の調査を好まないアメリカに撃沈もされるのではないかという噂もあり、乗組員は密に水盃で出港したほどだった。こう言ったことは表立って口にしないが、調査船を選考する関係者の頭の中にもあっただろう。表向きは調査団や報道関係者など大勢乗船するから、学生を乗せる練習船の方が適しているなどの条件で俊鶻丸に決定されたが、新しくて大きい新船東光丸の方が、居住空間など良いに決まっていることを誰しも承知の上で、船体の放射能汚染や撃沈が頭を過り、老朽船の俊鶻丸使用に落ち着いたのであろう。この筆者の邪推は別にして、俊鶻丸の略歴を見る。

俊鶻丸の略歴は、昭和三（一九二八）年七月に横浜ドック（現在の横浜みなとみらい21ドックヤードガーデン）で竣工（五三一トン）。漁業監視と漁業調査や観測が主な任務の調査船。鋼板は日本郵船の氷川丸と同じ英国製の厚さ一八・三ミリ。新潟鉄工の二サイクル一五〇〇ps（馬力）、六気筒のディーゼル機関を搭載。当時の漁業関係船として、初めての音響測深儀（魚群探知機）を装備。処女航海はシャム湾の漁場調査、その後、北洋取締り船として活躍、戦前は、主にカムチャッカ半島周辺など北洋で漁業監視や観測、南洋で漁業調査に従事。戦時中、昭和十六年十一月に気象観測船兼監視船の徴用船（注2）として舞鶴鎮守府所管。マレー半島沖の定点観測に従事。九死に一生を得て帰還するまで南方でも活躍。昭和十九（一九四四）年七月に徴用を解除されて東京の水産講習所（現東京海洋大学）の練習船になる。昭和二十六（一九五一）年に船体を改装して（五八八トン）下関の第二水産講習所の練習船に移管。昭和三十三（一九五七）年に、下関水産講習所で二代目耕洋丸が新造されたので売却（『滄溟』9より）。

　その後の俊鶻丸、昭和三十四年三月に広島県尾道市で屑鉄業を営む韓国人が一五〇〇万で購入。しかし、俊鶻丸が由緒ある船であることを聞き知ると、スクラップにする直前に思い直して五〇〇〇万円かけて小型タンカーに改造した。昭和三十五年二月に幸陽ドックの持ち船となり、日幸丸と名を改めた。運輸会社（オペレーター）は横浜の山本商事で、川崎から千葉方面へ油輸送などに使用されていたが、昭和三十六（一九六一）年十一月に、石川県輪島の沖で強風のため沈没。波乱に満ちた生涯を閉じた（『農林省船舶小史』(65)）。

注2　戦時中の船舶は全て船舶運営会が管理しており、陸海軍が傭船した船を徴傭船、陸海軍に傭船されなかった船は徴用船。（大井田孝『戦中・戦後における喪失商船』(32)）

話は少しずれるが、下関水産講習所の練習船俊鶻丸は、ビキニ環礁海域調査の前年の昭和二十八（一九五三）年一月〜三月に、学生を乗せた実習で南太平洋を航海してハワイのホノルルとヒロに寄港している。この時、戦後初めて日の丸を掲げた日本の練習船が入港したということで、戦時中居留区に閉じ込められていた日系人から大歓迎を受けている。戦後一〇年も経っていない当時、ハワイの日系人に日本の実情がまだ知らされていなかっただけに、ハワイの新聞や放送は俊鶻丸の記事をトップニュースとして扱った。

戦時中肩身の狭い思いをさせられた日系人たちは、新聞・ラジオで俊鶻丸の寄港を知ると喜んで、学生や乗組員を自宅に招き一日里親として歓迎した。そのために俊鶻丸では当直員の確保に苦労したという逸話が残されているほどだ。また、俊鶻丸に行くと日の丸に触れることができるという噂が広がって、日系人のお年寄りが列をなして俊鶻丸を訪ね、日の丸に手を合わせて涙を流す人もいたという。それだけ日系人にとって戦時中はつらかったのだ。真珠湾攻撃以来　日系人への迫害はつづき、日の丸を見ることなどとんでもないことだった。そんな迫害の下で日本の船がはためく日の丸を掲げた姿は、当事者じゃないと理解できない点も多かろうが、辛さとうれしさが混在していたことだろう。

話を元に戻す。俊鶻丸が行ったビキニ環礁海域の現場調査（以下、俊鶻丸調査と称す）で多くの成果を上げている。詳しくは本稿で参考にした三宅恭雄の『死の灰と闘う科学者』[74]（一九七二年、岩波新書）や谷口等の『われら水爆の海へ』[58]を参照されたい。俊鶻丸調査の成果を突き詰めると、世界で初めて海水に放射能汚染がある事を確認したことと魚の内臓から放射性亜鉛六五を見つけ出したことに尽きる。以下、主に三宅の書を基に記述する。

海水の放射能汚染は、それまで、俊鶻丸に乗船した調査団の中にも中央気象台気象研究所の杉浦吉雄氏、亀田和久氏のように予測していた研究者もいたが、それはごく少数でアメリカや日本の科学者の大勢は、ビキニ海域に放射能はない。「たとえあったとしてもロスアンジェルスの水道水ぐらいだ。大池の中のインク一滴のようなものだ」などと言っていた。また、海水汚染が発見された五月三十日夜の船内記者発表でも、矢部博調査団長は「海水の汚染は実のところ予想外だった」と言ったほどだった。要するに、海水の放射能汚染は、それまでの定説を覆す想定外の発見だったのだ。なお、俊鶻丸調査の前まで海水の放射能を測定する方法はなかったが、杉浦氏と亀田氏の努力で「鉄・バリュウム法」を考え出しての調査だったことを加えておく。

もう一つの亜鉛六五は、実験爆弾の核分裂生成物で天然には存在しないが、爆弾の金属部の中にある亜鉛六四が中性子に当たってできた。亜鉛六五を見つけ出したのは、東海区水産研究所の天野慶之、戸沢晴巳だった。亜鉛六五は、海水中から検出できなかったが、魚体の中には濃縮されて存在していた。この濃縮の過程を単純化すると、海水→プランクトン→小魚→イカ→マグロと海水から食物連鎖の段階を追って、亜鉛六五が濃縮された生物濃縮ということだ。つまり、亜鉛六五は、放射能汚染の生物濃縮過程を追跡できるトレーサーとしての役を担っていたことが、世界で初めて俊鶻丸調査で分かった。

これらの俊鶻丸調査のデータは、それまで海水や魚の放射能を軽視していたアメリカ原子力委員会の幹部に大きな衝撃を与えた。そこでアメリカは、俊鶻丸調査の追跡調査をするために、タニー号を一九五五年二月二十五日にサンフランシスコを出港させた。タニー号は三月九日から海水とプランクトンの採集を始めた。これは、三月二十二日にグアム島、沖縄に寄港して、四月十四日横須賀に入港するまで続けられた。このタニー号による追跡調査に参加した科学者たちは一人残らず俊鶻丸調査結果が正しかったことを認めている。

以上が三宅の書から関係個所をつまみ食い的に抽出したものだが、俊鶻丸の功績の中で乗り込んだ九人の報道陣の取材競争という活躍を見逃してはいけない。

俊鶻丸に乗り込んだ報道陣九名中の一人、中部日本新聞社の谷口氏らが書いているように、本来、俊鶻丸の調査目的は、俊鶻丸が実際ビキニ環礁近くの漁場に行って、放射能に汚染していないマグロを獲って、放射能の被害妄想傾向にある国民を安心させて、売れ行きをよくすることだった。つまり、水産業界をはじめ、水産庁などの関係者たちは表には出さなくても「マグロは食える」という調査結果が欲しかったという。同じように、俊鶻丸調査に携わった学者も水産庁も水爆実験を調査結果ほど深刻な事態になるとは想定していなかった向きがある。換言すると、魚や海水の放射能汚染がないことを証明する調査であって、実際汚染されているとは想定されていなかった。

俊鶻丸では、毎日その日の調査結果を矢部団長が報道陣に発表するしきたりだった。ところが、船に飛び込んで来たトビウオが、放射能に汚染していたことがわかると、暗黙の調査目的と調査結果の現実との間に挟まれた矢部団長が発表を渋ったことがあったそうだ。つまり、トビウオの放射能汚染は、暗黙の調査目的の「マグロは食える」に水を差すことに結びつくだけに、立場上矢部団長が困ったという。だから、決断に多少戸惑いがあったとしても、先述のとおり、海水からマグロまでの汚染の現実を報道陣に発表した矢部団長は、科学者として立派だった。

大方の予想に反して、俊鶻丸調査で次々と新事実が明らかになると、それらは報道陣から俊鶻丸の無線局を通じて各自、社へ送られた。当時は船舶電話がなく通信士が打電する時代だから、俊鶻丸の無線局は二四時間勤務体制で字数制限や時間制限をした。報道陣間の取材競争も激しくなり無線局の打電字数は、帰国までの二か月足らずで俊鶻丸竣工以来二七年分ほどの電報量を打ったことになったと言う。これら俊鶻丸から発せられる大量の記事が連日新聞などで流れ、それを日本滞在の外国人ジャーナリストたちは、世界に向かって発信した。俊鶻丸調査の情報が世界には広まると、放射能汚染という喜ばしい情報ではないが、俊鶻丸の名は、地球規模での環境に関心をもつ世界の人たちに知れ渡った。

ところで、コロンブスの新大陸発見の時に使われた船はサンタ・マリア号、進化論のダーウィンがガラパゴス諸島に寄港したときの船はビーグル号、というように大発見などに関わる船の名は永遠に語り継がれる。世界に先駆けて海水中の放射能を測定した俊鶻丸も、原水爆実験や原発事故など好ましくない放射能関連事件が起きると、その船名が語られる。平成二十三（二〇一一）年三月十

写真６　俊鶻丸の漁艇（アルミ製）
（大田盛保論文より転載）

一日に起きた福島原発事故を契機に、平成二十五年九月、ＮＨＫはＥＴＶ特集で「海の放射能に立ち向かった日本人～ビキニ事件と俊鶻丸」[03]と題して放映したのもその例である。約六〇年振りに俊鶻丸の船名が全国に流れた。

　俊鶻丸の功績の概略は以上だが、ここで関連する余談を入れる。俊鶻丸調査のマグロのサンプル採集は、本船（俊鶻丸）と、本船に積載している小型の漁艇を使って漁獲している（昭和二十九年七月七日、第十九回国会継続、参議院水産委員会会議録第一号）[16]。はえ縄採集は都合九回行い、一回一鉢二五〇メートルのはえ縄を六〇鉢使ったそうだから、この漁艇で約一五キロのはえ縄を揚げたことになる。ここでは、この時使った俊鶻丸の漁艇(Syunkotsumaru-1)が日本で最初のアルミ合金製だった話をする。

　俊鶻丸の漁艇は、昭和二十八（一九五三）年十一月に下関市の株式会社富国製作所で竣工した全長八・五メートル、船幅二・六〇メートル、深さ一・一五メートルのアルミ合金製である（写真6、大田盛保）。アルミ合金は軽量で加工も廃船時の解体作業もやり易い上に、再利用も容易などの利点を持つ船舶素材だ。ところで、日本で最初に造られたアルミ合金船は、一九五四年三月に三菱重工業下関造船所で竣工（建造計画は一九五三年）した海上保安庁の巡視艇「あらかぜ」（一五・九トン、全長一五・〇メートル、船幅四・二メートル、深さ二・〇メートル）が日本初のオールアルミ合金の船だとされているのが通説になっている（ウキペディアや大阪軽金属協会など）。だが、実は、俊鶻丸に搭載していた漁艇の方が四か月ほど早かった。

　大田盛保氏の論文[34]によると、大田氏の祖父大田五右衛門（一九一〇〜一九八六年）は、終戦で、それまで勤務していた、下関市にあった軍需工場の株式会社神戸製鋼所長府工場を公職追放で辞めさせられた。一方、神戸製鋼所は、航空禁止令に従って航空機を解体させられていたので、スクラップとして出るジュラルミン（アルミ合金）の適切な用途がなかった。大田五右衛門は、そのアルミ合金の処分を請けて仕事をする株式会社富国製作所を起ち上げた。アルミ合金の活用をいろいろ考えている過程で船舶建造に至った。その結果、先のアルミ合金製俊鶻丸の漁艇を造ったのだそうだ。

　富国製作所はアルミ合金で船を造る実用化を手漕ぎボートから始めている。この時の富国製作所の技術は、材料の取引相手の神戸製鋼所にも流れていたはずだ。一方、神戸製鋼所と三菱重工業下関造船所との付き合いは、造船資材を通じての取引、また、「あらかぜ」の廃船後、船体の一部を採取して下関市の長府にある神戸製鋼所長府研究室で、次の技術開発につなげるための分析をしたということからして、両社が親密だったことは確かである。

だから技術的にアルミ合金の船舶が造れる見通しが立った段階で、三菱重工業下関造船所は、「あらかぜ」を造った。下関市の長府から三菱重工業下関造船所がある彦島まで、一五キロほどの距離だ。狭い下関で富国製作所と三菱重工業下関造船所が、別々にアルミ合金船舶の造船技術を開発したとは考えられない。神戸製鋼所を通じて富国製作所の技術も活かされていることは間違いなかろう。その辺の穿鑿はともかく、日本のアルミ合金船舶の技術開発は、下関が発祥地であることは間違いなし、下関市の長府がアルミ合金船の発祥地であることも間違いない。

俊鶻丸は二六年経過した老朽船だったが、搭載していた漁艇は、日本で初めて造られたアルミ合金製の新鋭船だった。この新旧の取り合わせも興味深い。また、ひと昔前、アメリカを相手にした戦闘機のアルミ合金を鋳なおして造った漁艇で、アメリカの水爆実験の現場海域でマグロ魚体サンプルの確保の漁撈作業で活躍するというのも何だか因縁めいている。

なお、アメリカは、一九五六年四月二十日から総計一三回にわたってエニウェトク・ビキニ環礁で「つぐみ（Red Wing）作戦」と呼ばれた核実験を行った。厚生省と水産庁は、一九五六年五月二十六日から六月三十日の間、ふたたび俊鶻丸をビキニ付近の海域に派遣した（第二次調査）。この第二次調査では、大気中にいちじるしい放射能が検出されたが、海水からはあまり高い放射能は検出されなかった。そんなこともあってか、俊鶻丸の二次調査はあまり話題にならないようだ。

このように功績を遺した俊鶻丸だったが、関係者にとって、はなはだ遺憾な出来事があった。それは、昭和三十三（一九五八）年に俊鶻丸船長が燃油に関わる収賄罪という汚点を遺したことだ。下関水産講習所を文部省所管の大学を超越した世界に先駆ける高等水産教育機関に発展させようと情熱を注いできた田中耕之助所長は、その責任を取って辞職した。この俊鶻丸の汚点は、下関水産講習所から現在の水産大学校に至ってもまだ、根底に負の航跡として染みついている。このことについては次の項でも取り上げる。

学園紛争とその根底

・国会論争

昭和三十三（一九五八）年二月十二日、第二十八回国会の参議院決算委員会（会議録第四号）[22]で、水産庁所属船舶の燃油購入問題について質疑応答がなされている。燃油問題というのは、水産庁所属（用船も含む）が全国の多くの港で燃油を積み込む石油会社を、限定した一社と随意契約していたことから生じたのだった。つまり、船長や機関長などと石油会社との間に癒着が生じて、そこから贈収賄の関係に結びついたという。収賄者としては、水産庁所属船で八名の名前が挙げられ、その中の一人に、下関水産講習所の練習船俊鶻丸の船長の名も出ている。これが前項で述べた俊鶻丸が遺した汚点である。この汚点がその後の下関水産講習所の大学昇格問題などに与えた影響は大きい。

昭和三十三年二月二十一日、第二十八回国会の水産委員会（会議録第八号）で、安部キミ子（社会党）委員が、下関水産講習所の大学昇格問題について質問して、赤城宗徳農林大臣と奥原日出男水産庁長官が答えているのでその要旨を記述する。

安部委員が「下関市の吉見にある水産講習所は、単科大学に昇格させる条件を備えているが、農林大臣は大学昇格にご協力いただけるか」と訊ねたのに対して、赤城大臣は「東京の水産講習所は水産大学として文部省が扱い、下関の水産講習所は農林省の水産庁が扱っている。私は文部省や農林省で管轄争いをするわけではない。また、下関水産講習所の練習船俊鶻丸が収賄罪を起こした汚職は申し訳ないが、同所が非常によくやっている事実も承知している。この水産講習所の大学昇格や汚職問題は今検討中である。そのことについては水産庁長官が答える」と、安部委員の質問に直接答えることなく、やんわりと俊鶻丸の汚点を指摘して、水産庁長官に繋いでいる。

奥原水産庁長官は「下関水産講習所は、現在、まだ施設を整えねばならない段階なので、水産庁としては、相当多額の予算を計上して施設の拡充に努力している。水産に関する単科大学へ昇格することに何ら躊躇するものではないし、また、手元に残して置きたいという考えもない。今後、大学昇格の気運が熟すように進めていきたいと考えている」と答えた。

それに対して、安部委員は「そういう水産庁の考えは昭和二十八年、二十九年の文教委員会で私が昇格問題で質問した当時と何ら変わっていない。水産講習所の学生にしてみれば、実質的に大学と同じ課程の教育を受けながら、大学という看板がないばかりに資格や就職で損をしている。水産業界の人たちからもこれはおかしいという意見が出ている。学生の意向としては一日も早く大学に昇格してもらいたいという気持ちが強い。来年度の予算を組む時には、当然、大学、文部省移管に漕ぎつけていただきたい」と水産庁に注文を付けた。

これに対して、奥原長官は、「水産講習所の教職員及び生徒の間ではいろんな考えがある。現在、俊鶻丸の代船を建造中であるように、まだまだ施設を拡充しなければならない。施設拡充の点では、文部省に移管するより水産庁所属の方が有利だと考えている。東京水産大学並の単科大学として運営できる情勢になったら、できる限りその方向に進むよう考えている」と答えた。

少し注釈を加えると、昭和二十九（一九五四）年は俊鶻丸がビキニ環礁調査で活躍していた年であるが、その俊鶻丸を練習船としていた下関水産講習所では、学生たちが下関水産大学促進委員会という自治会をつくって、代表が上京して農林省に設備の充実を要望し、文部省に大学と同等の資格を要望している。文部省で学術局長との話で「君たちの主張は砂上の楼閣だ」と言われ、学生は「文部省と農林省の縄張り争いでなく、純粋な学生の事を考えてださい」と訴えている。安部委員が大学昇格問題を取り上げた昭和二十八、二十九年の質疑は、これらの学生たちの要望を汲んだものだった。なお、施設については、昭和四十三（一九六八）年になって、ようやく旧海軍の建物がなくなって、戦後整備された施設になっていることから判断しても、昭和三十三年当時は、水産庁長官の言葉通り、まだ施設が整っていなかったことは事実である。

国会で水産庁長官が指摘した施設拡充の必要性は、これまで述べて来たとおり、戦後、釜山から裸一貫で引揚げて来て、下関市吉見にあった廃屋同然の旧海軍の施設をもらい受けて、再スタートした水産講習所下関分所以来の整備が、まだ不十分なことを指している。昭和三十年代に、施設整備不足を理由に、大学昇格を先送りしたのであれば、施設が整備された昭和四十年代には大学昇格がなされてもいいかと思われるが、それがなされていない。このことは後述する学園紛争に関わって来る。いずれにしても、外地引揚学校が負った傷は、戦後七〇年以上経っても癒えることなく続いているのが現実なのだ。

話を水産委員会の話に戻すと、このやり取りの中で注目されるのは、冒頭に赤城農林大臣が俊鶻丸の収賄事件に触れたことだ。これを少し意地悪く受け止めると、安部委員に対して、下関水産講習所は罪を犯していますよ、そのことを承知した上での話になると釘を刺したのだ。また、この大学昇格問題の後に引き続いて、同委員会で、俊鶻丸の燃油汚職の問題が出て、そこでは奥原長官が、水産講習所の被疑事件として二名収賄したと回答している。これも憶測になるが、水産庁としては、俊鶻丸の収賄事件を出したばかりの今、下関水産講習所が大学昇格を申請するタイミングではないということなのだろう。

前項と重複するが、昭和三十三年に田中耕之助所長が引責辞任した。水産講習所の漁撈科出身の田中所長は、釜山高等水産学校の初代校長に就任する前、何か新しい漁法のヒントをつかみたい気持ちを持って、欧米の水産を見て歩いている。だが、行く先々で日本の方が進んでいる、と言って日本の漁撈技術を質問された。つまり、教わるつもりが教えて回る結果になった。しかし、半面、漁業はただ獲ることばかりを考えてもだめだ、獲る前にまず殖やすことを考えろ、魚さえ殖えれば、労せずして獲れるのだということを厳しく教えられた。だから、その教えを水産教育の基本理念として、練習船にも耕洋丸と名付けたのだ、と田中は述懐している。

これも先述と重なるが、田中所長は、第二水産講習所が文部省移管の山口大学の水産学部として大学昇格が認められた時、それを断って農林省所管の水産講習所に留まることを選択した。また、田中所長は、明治三十（一八九七）年以来、実学を重んじ、実務を身に着けることを教育理念として来た水産講習所の教育方針に、海を耕す「耕洋の精神」を加えて百年の計をもって教育することが使命だという信念で、昭和十六（一九四一）年の釜山高等水産学校開校以来、水産教育に情熱を注いでいた。ところが、先の不祥事件で責任者として辞職せざるを得なくなり、これは学生にとっても、日本の水産教育にとっても大きな損失であった。

既に述べたが、繰り返す。田中所長が辞任すると、釜山高等水産学校以来田中校長の女房役だった松生義勝が東京水産大学の学長を辞して、田中の水産教育の理念を継いで下関水産講習所の所長に就いた。その松生が所長に就くに当たって、所管している農林省に、当時、建造中だった俊鶻丸の代船の船名を耕洋丸とすることを就任承諾条件に出した。これは、先のビキニ水爆実験調査で世界に船名が知れわった俊鶻丸の船名を継承する声が強い中で、田中校長が釜山時代に船名を付けた耕洋丸に松生が固持したのは、松生が田中の教育理念を継承するという意志の表れであった。

なお、田中の「海を耕す」の真意は、現在行われている魚介類の種苗放流などの栽培漁業よりも、資源を減らさないで生産する資源管理型漁業に近い考えだが、これをもって百年の計とするということは、時代とともに人が海に加える手段は、変わる進行形で捉えての「海を耕す」である。だから、それを見越しての百年の計だというスケールで受け止めなければならない。

・ネーミング

松生所長は、まず練習船の船名にこだわったようにネーミングがいかに大事かを承知していた。それは、(下関)水産講習所という名称を水産大学校に改めたことにも表れている。そうかと言って、校名改称は所長の一存で出来るものではない。法律の改正が伴うので、それなりの手続きをとって国に認めてもらわれねばならない。その手続きを取るところまでは主体である下関水産講習所が持っていかねばならない。当然、所長には学生教職員を含めた所内世論をまとめる力、加えて熱意と力量が問われる。力量とは、説得力、交渉力であり、それに政治力やカリスマ性などを備えた人格になるだろう。先の田中所長にも松生所長にもその資質があった。

結果、法改正は、昭和三十八(一九六三)年一月十六日に公布(施行は二十日)された農林省設置法でなされた。この日の四日前、すなわち、同年一月十二日に松生所長は七十二歳で死亡している。松生所長は、生前、水産大学校に改称されることは承知していたが、実際の改称に立ち会うことはできなかったのだ。この松生所長の死去で、山口大学の水産学部で承認された昇格を断ってまで下関水産講習所を農林省所管の水産単科大学にする構想は、田中耕之助氏の辞職、松生義勝氏の死去に伴い夢に終わる。

ところで、松生所長は、なぜ水産講習所という長年の伝統ある呼称を水産大学校に改称したのだろうか。それは、講習所という呼称に対する社会の受け止め方にある。ある卒業生の話に「社会は水産講習所ではどうも通用しないことがある。特に公務員は大学と名がついていない学校を出ないと、どうも具合が悪い所らしい。これでは、これから入学して来る者、社会に出る者に対して気の毒である」とある。

『広辞苑』（第六版）に講習所は「ある事を講習する所」とあり、その講習は「学問・技芸などを研究し練習すること。また、その指導をすること」となっている。これでは、講習所に大学のイメージはない。水産講習所は、明治三十（一八九七）年に農商務省が設置したものだが、以降、世の中は変わる。別に講習という呼称の使用に規制はないので、料理や編み物を教えることも講習と称されようになる。また、所管の農林所を付けて農林省水産講習所と称すると、世間の多くの人は農林省の役人になって、何か特別の講習を受けることかと勘違いする。

また、水産界の中では伝統がある水産講習所の呼称は通用するが、水産界から一歩離れた世界では、料理講習と同じ程度の訓練所と見なされるのだ。それに、戦後、東京の水産講習所が東京水産大学になったので、水産講習所の大きな看板が消え、その一方で、北海道大学水産学部や戦後新設された鹿児島大学水産学部、長崎大学水産学部、広島大学水畜産学部、三重県立大学水産学部などの卒業生が水産界に入って来ると、年間四学科合わせてわずか一六〇名弱の卒業生しか出ない下関の水産講習所から水産界に入っても、人数的に少数となって、年々水産講習所の存在が薄らいで来るのだった。

・大学校と大学との違い

しかし、大学校と呼称を変えても問題は残る。だったら、国立大学と同じカリキュラムを採り入れているのだから、いっそのこと呼称を大学にすればよかったのでは、と一般的には思う。だが、そこには次に示す法的規定があるから、勝手に大学校の「校」の字を外すわけにはいかないのだ。

学校教育法の第百三十五条に「専修学校、各種学校その他第一条に掲げるもの以外の教育施設は、同条に掲げる学校の名称又は大学院の名称を用いてはならない」とある。その第一条には「この法律で、学校とは、幼稚園、小学校、中学校、義務教育学校、高等学校、中等教育学校、特別支援学校、大学及び高等専門学校とする」と書いてあって、大学校は入っていない。「学校」の文字を付けた大学校が学校でなくて、「校」の字が付いていない大学が学校だというのだからややこしい。さらに、現在の東京大学工学部の前身は工部大学校であり、日本女子大学の前身が日本女子大学校であるように、学校教育法が施行される前には、現在の大学も大学校と称していたのだから、ますますややこしくなる。

ともかく、一言で言えば、大学という名称は学校教育法に基づいて規定されているから、勝手に大学の名をつけることはできないということだ。その点、大学校については法的規定がないので、どんな機関でも大学校と名乗れる。だから、修業期間が一年であっても四年以上であっても○○大学校と名を付けることができる。現在、国、都道府県、市町村、学校法人、民間団体などが大学校と名づけた機関がたくさんある。その数多い大学校の中から名称だけを拾い出してみても、いかに多様性に富んで紛らわしいかがわかる。

国の省庁が設置している警察大学校、税務大学校、自治大学校などは省庁の研修施設だと聞けばどんなことをやっているのか、何となくわかる気がする。また、農業者大学校、商人大学校、自動車大学校、市民大学校などは、当事者でなくても、その名称からどんな人がどんな知識を身に着けようとしている機関か、おおよその見当はつくが、健康大学校、生活者大学校、生涯大学校、仕事大学校、発明大学校、インターネット大学校、吟醸酒大学校などになると、関係者でないとわかりにくいかと思う。いずれにしても、これらの大学校名を聞くと、関係者でない多くの一般の人は、大学校と大学は、全然違うと受け止めることだろう。

しかし、ややこしいことには、大学校の中には、入学は高卒及び同等の資格を有する者、在学修業年数は四年以上、卒業すれば学位（学士）が授与されるなど大学と同じ条件を備えている大学校もある。先に挙げた省庁の大学校は、職員の資質向上などを目指した研修機関の類だから、在学修業年数も短いなどの条件で大学とは全然違っている。

大学の諸条件を備えている大学校は、水産大学校、防衛大学校、防衛医科大学校、海上保安大学校、気象大学校、職業能力開発総合大学校、国立看護大学校の七大学校になる。だが、これらの中で、入学と同時に、給与をもらう公務員として採用される大学校がある。それは、防衛大学校、防衛医科大学校、海上保安大学校、気象大学校の四大学校である。これらの大学校は、入学金や授業料を納める大学の一般学生に比べ著しく異なっているので、これらを外すと、残った国立の水産大学校（農林水産省所管）、職業能力開発総合大学校（厚生労働省所管）、国立看護大学校（厚生労働省所管）の三つの大学校は、文部科学省所管の大学とそん色のない条件を備えた省庁大学校だと言える。

なお、英名の使用については法的規制がないので各大学校、大学とも学内で決めたのか、かなり自由に命名しているようだ。事例を示す。

・水産大学校：National Fisheries University
・防衛大学校：National Defense Academy of Japan
・航空大学校：Civil Aviation College
・国立看護大学校：The National College of Nursing, Japan
・気象大学校：Meteorological College
・海上保安大学校：Japan Coast Guard Academy
・東京海洋大学：Tokyo University of Marine Science and Technology
・東京大学：The University of Tokyo
・東京工業大学：Tokyo Institute of Technology
・お茶の水女子大学：Ochanomizu University

このように大学を表すときには，University, College, Institute, Academy のどれかを使っている。欧米の使用と同じで，総合大学→University，単科大学→College，工学系→Institute，政府系大学校→Academy の傾向はあるが、厳密にはこだわっていない。

水産大学校は、文部省所管でないが故に、いくら大学同等あるいはそれ以上の教育をしていても、学士号、教員免許が取得できないし、大学院入学、大学院設置ができないなどの規制があった。「あった」と過去形で書いたのは、次のとおり現在一部認められているからだ。

大学院入学受験資格は、昭和三十六（一九六一）年十二月八日付の文部省告示第九十四号で許可された。学士号も、平成三（一九九一）年四月二日付で「国立学校設置法」の一部改正がされて学位授与機構が創設されて、文部省所管以外の大学校のうち大学に相当する教育を行う機関であると認定された学校の卒業生に、学士号・修士号・博士号を授与されることになった。教員免許も学士号が授与されたので、受ける資格が得られるようになった。

紆余曲折はあったが、大学院進学は、文部省も水産大学校を大学卒業と同等の学力があると認めて、道を開けてくれたわけだ。学士号は、平成四（一九九二）年四月の卒業生から学位授与機構長から学位（学士号）が授与されることになった。ただし、一般の大学では、学長名で学位が出されるが、水産大学校は校長名でなく、学位授与機構長が出すという違いはある。

大学院進学、学士号、教員免許の問題は、以前から水産大学校（下関水産講習所）は、一般大学と同じ大学設置法基準を全うした教育を行っているのだから、授与されてもいいはずだったが、文部（科学）省所管でない農林（水産）省所管だから学校教育法に則った大学として扱われていないから認められなかったのだ。特に、教員免許は、元々第二水産講習所卒業生までは第一水産講習所と同様に授与されていたにもかかわらず、新学校教育法に変わって、教員免許を受ける資格に学士であることが条件に付いたので、以降、農林省（農林水産省）所管であるが故に認められなくなっていたのだ。

教員免許についても、一般教課の教員免許は、本校の設置目的に照らすとそぐわない点もあるかもしれないが、水産高校の水産教課は適任だと考えられ、全国の水産高等学校校長会が後押をしていた。なお、学士号取得までに四〇年かかったと、感慨深げに過去を振り返る一人に、あの俊鶻丸ビキニ環礁調査に若き研究者の一人として参加した前田弘教授だった。

・学園紛争

昭和四十四（一九六九）年に起きた東京大学の学園紛争の波紋は、全国の大学へ広がり、下関市にある水産大学校にも押し寄せて来た。考えてみれば、いつの時代でも真っ直ぐな考えの若者と、ゆがんだ現実社会との間にギャップがあって、若者にはストレスが溜りやすい。ダムの水が危険水量以上になると、ダムが崩壊して怒涛の流れとなって下るように、若い学生たちのストレスが一定量以上に達すると、その捌け口を求めて動き出す。全国それぞれの学園で学生たちにストレスが少しずつ溜まっていく。何かのきっかけがあれば、その怒りの鉾先を身近な学園にぶつける。そのきっかけは、それぞれの学園が持つ課題が取り上げられるわけだ。ただ、それが全国的な共通性をもてば、六〇年安保闘争のように全国的規模になるということだろう。

水産大学校の学園紛争のきっかけは、東京で起きた波紋が下関まで伝わって来たことに間違いないが、学園内には昭和二十四年以来根底にわだかまっている農林省所管か、文部省所管かの所管問題があった。この問題では、過去にも昭和二十四年に学生がストライキを決行しているし、昭和二十九～三十三年にも学生の溜ったストレスが小波乱となって表に出ている。小波乱に終わるか大波乱になるかは、学校側の受け止め方で大きく左右されるようだ。

これらが小波乱で終わったのは、当時の田中所長が親身になって、高等水産教育の理念を学生に語り、また、学生が校名改正を要望すると、田中所長は一緒にやろうと同調して、学生代表が上京して直接関係省庁に要望した際には、同窓の高碕達之助経済企画庁長官に会えるよう手配し、その高碕長官に会うと、高碕が文部大臣経由で学術局長のアポイントを取ってくれている。

自分を捨てて高等水産学の創建に情熱を注いだ田中・松生時代は、戦中戦後の不安定な日本社会を反映して、学生たちのストレスも、その情熱に共鳴するエネルギーに転換された向きがある。だが、先に触れたとおり、水産大学校は、情熱家の田中・松生の両指導者を失い、社会も高度経済成長に入り、少し落ち着いて来たことも手伝ったのか、学校側に田中・松生時代にあった情熱が薄れてきた。

そんな状況の中で、ほとんどの学生たちは、受験及び入学時に学士号授与の問題など意識していなかったが、文部省所管大学と同じ授業料を収め、同じ課程の教育を受けながら農林省所管であるばかりに、現実社会で差別扱を受けていることに気づくと、当然、不満が高まり、それを学校側にぶつけることになる。そこへ学園紛争の波が下関にも押し寄せると、学生たちは所管問題を根底に学内の民主化で起ちあがった。学位授与が認められる二十余年前の話だ。

学内の民主化とは、学内の自治を主張する学校側が、校長の諮問機関として設けた教授会という学生たちにとって密室の会議で決めていることに対する学生の不満で、具体的には、その教授会へ学生代表を参加させ、文部省移管問題など学生の考えも交えて議論したいということだった。

昭和四十四（一九六九）年五月の教授会で、文部省への移管問題を審議したが、移管するなら単科大学の結論に至っている。しかし、学校長から「単科大学は現状下の情勢においては実現困難であり、水産庁は移管問題に関する本校の統一見解に基づいて善処するよう約束をした」という報告があった。したがって、早急に改善委員会を設置し、慎重に現況を分析・討議して方針を決定することにしている（『五十年史』[54]、『滄溟』特別号[18]）。

先の田中所長が学生と一緒になってアクセルを踏んだのに対し、教授会の対応はブレーキを踏んだのだ。学生たちは、こんな学校の対応にまどろっこしさを感じたのだろうか。学生自治会は、農林省と文部省に文部省への移管に関する質問を出した。それに対する農林省の回答は、産業にとって学問は切り離せない。この産学協同を否定するなら水産大学校を農林省が所管する意味がなくなる。だから文部省に移管することは考えていない。ともかく学校の自主性を尊重する（『五十年史』）。この回答を本項の始めに触れた昭和三十三年の第二十八回国会の参議院決算委員会で「施設が整備されて東京水産大学並になったら、単科大学へ昇格することに何ら躊躇するものではない」と当時の奥原日出男水産庁長官が答えた内容に対照させると、視点が施設整備から産学協同にずれていた。

一方、文部省の回答は、農林省が必要だと考えて設置している教育機関だから、文部省がとやかく言う立場ではない。農林省が文部省への移管で動かない限り、文部省は何もできない。ただ、大学への認定申請があれば、文部省は教授の資格審査など設置基準に沿って対処する（『五十年史』）、ということだった。

もっとも、学生たちの質問の仕方に不慣れな点もあっただろうし、それに、この資料には、農林省と文部省からの回答の責任者が記されていない。だから、両省とも公式回答でなく担当部署の職員などが非公式に回答したものかと思われる。したがって、これをもって農林省や文部省の考えとして扱うことはできないが、両省の考えの一端であることには間違いない。

ただ、ここで文部省が教授の資格審査を云々している。この点について、文部省は大きな問題ではないというが、学内には博士号も持たない教授会のメンバー（注3）、すなわち学位論文も書いていない、あるいは書けない人たちにとっては大きな問題だったに違いない。彼らが保身に走ると、文部省移管は避けたい方向に向かう。一方、学生たちは、鎬を削る研究をそっちのけにテニスに興じる不勉強教授、他の大学などから好条件で迎えてくれる話があれば、いつでも移って行くと公言する腰掛教授、定年退職後の生活を気にして口にする自己中教授などの姿や言動を垣間見ていた。これらに対する不満も重なって怒りをぶちまけたのが、学園紛争の一因であったと言ってもいいだろう。これらの教授は、水産大学校の極一部かも知れないが、言ってしまえば、家庭において成長した子どもたちが、日ごろから親の言動をよく見ていて、読み取った不満を親にぶつけたようなものだ。

学生たちは、現実の教授会がある種の派閥に人数の多さで押し切られていることや、その派閥の多くの教官が

注3　教授会、各学科二名、（一〇）、教授一名、助教授・講師・助手から四名、練習船一名、事務官二名の計二〇名で構成する校長の諮問機関。

文部省に移管されると、その資格審査で危ういから自分を守るために徒党を組んでいることなども知っていたので、学校長、及び教授会に、文部省移管への確固たる態度を示すよう要求している。だが、学校側が学生の民主化を受け入れないので、学生たちの行動の過激さはエスカレートした。この過激な行動に手を焼いた学校は、学内では収拾がつかず、校内に機動隊を導入して鎮圧した。見方にもよるが、この学園紛争で学生も学校も成果は何もなかった。強いて揚げると、その後は博士号を取らないと教授になれないような雰囲気が出来て、教授会の質の向上が挙げられる。

・行政改革及び事業仕分け

平成九（一九九七）年十一月に橋本竜太郎内閣総理大臣を会長とする第三十六回行政改革会議では、行政のスリム化を方策とした審議がなされている。その中で、国営諸機関を対象に、廃止、民営化、地方移管等を検討した上で、これらになじまない場合には、独立行政法人化を検討することになった。その諸機関の中で、大学校の名称を使った機関として警察大学校、防衛大学校、防衛医科大学校、税務大学校、社会保険大学校、航空保安大学校、海上保安大学校、気象大学校、建設大学校、自治大学校、消防大学校は、既に独立行政法人化の対象とされていた。したがって、大学校としては、水産大学校、農業者大学校、海技大学校、航空大学校が廃止、民営化、地方移管、それに馴染まない場合は、独立行政法人にする対象に挙げられていた。これは、国営諸機関を行政改革の俎上に載せてのリアクションを見るという一次的な作業工程の一幕だった。

二次的工程では、各省庁から提出された資料や行政改革会議の事務局が聞き取った結果などが整理されている。それらの中で農林水産省は、水産大学校と農業者大学校に関して、「国の農業・水産行政との連携が確保されなくなること、行政との一体性が損なわれることにより、現場に密着した教育水準、人材育成の面で支障が生じること、独立採算とした場合、財政または講師等人材供給等の観点から現在と同水準の教育が困難となり、国の農業・水産政策に即応した人材育成という目的を十分に達成できなくなることから、民営化・独立行政法人化は困難」と述べて民営化も独立行政法人化も適切でないと指摘している。

この行政改革会議内容が新聞紙上で公表されると、山口県、下関市、それに後援会などの関連団体が、水産大学校存続のために動き出した。また、同校同窓会の滄溟会も、水産大学校存続要請で国会議員や関係団体への陳情活動を始めた。

平成十（一九九八）年一月には、下関市議会が水産大学校存続要請を決議、二月には同校教授会が民営化独立行政法人化に反対する決議文を水産庁に提出、三月には山口県議会が水産大学校の存続要望を決議、東京水産大学の同窓会の楽水会や、全国漁業協同組合連合会（全漁連）、大日本水産会にも存続要望の支援をお願いしている。これらの団体は、それぞれ内閣、農林水産大臣、水産庁長官などへ水産大学校の存続を要望、陳情を展開した。

これらの運動の効果はわからないが、結局、平成十一年一月、「中央省庁等改革に係る大綱」の「国の行政組織等の減量、効率化等に関する大綱」で、「次の事務及び事業は種々の準備作業を行い、独立行政法人化を図る」として、水産大学校、農業者大学校、海技大学校、航空大学校は民営化が回避されて、独立行政法人に移行することが決定され、平成十三（二〇〇一）年に水産大学校は独立行政法人となった。なお、本大綱で水産関係では、真珠検査所が廃止されたが、水産研究所、養殖研究所、水産工学研究所も独立行政法人化が決定されている。

それから十余年経過した平成二十二（二〇一〇）年に、時の民主党政権は行政刷新会議を設けて国家予算の見直し、事業の必要性の適否、政策、制度、組織などの課題を摘出する作業として事業仕分けを実施した。この事業仕分けは、国民への分かり易さを前提にしていたので、テレビでも公開され話題を呼んだ。

その事業仕分けでも水産大学校は俎上に挙げられた。俎上の鯉は調理されることはあっても、餌をもらって放されることはありえない。事業仕分けの俎上の水産大学校は、予算が削られることはあっても増やされることはない。それだけに関係者は緊張せざるを得なかったが、先の行政改革の民営化や廃止の議論のような存廃論までには及ばないこともあってか、行政改革の時のような緊張感はなかったようだ。それでも、水産大学校では同窓会の滄溟会が、東京を中心とした京浜支部を足場に、人脈を伝って民主党の事業仕分けに関与する国会議員や地元選出議員に、母校の履歴や存在の役割などを説明して理解を求めた。そんな行動に参加した滄溟会京浜支部の面々は、議員秘書から日頃の付き合いの大切さを指摘されて、戸惑う場面もあった。

余談になるが、この時戸惑った人たちが教わったことは、学者、学生を含めて大学関係者が政治家と付き合うことの是非はともかく、水産大学校が水産界に役立つ人材、発展させる人材、新たに起業する人材などの育成に努めるのであれば、水産学に限定することなく、政財界を含めた異業世界との接触も大切にする必要があるということだった。

ともかく、水産大学校は、実学と言っても世渡りを実践する、いわば社会実学の教育が対象にされていない。学内で甲論乙論を述べても、それが実際の社会に通用するとは限らない。たとえば、練習船の建造に当たり、予算獲得が難しい時の実学は政治力を使うことも一つだ。学者肌の教授にはその辺まで考えが及ばない。これは社会実学が身についていないからだ。田中・松生の時代は、その点で違っていた。学校、業界、政界、行政が一つになっていた。これは釜山に創設の時、下関に第二水産講習所を設置した時を思い起こせば、理解できるであろう。

鈴木善幸が総理大臣の当時、校長職に就いていた水産分野の研究で業績を残した人が、新年のあいさつで現首相は水産の大先輩であり、また閣僚には山口県出身者もいることだし、この機会をとらえて教職員各位は本校の将来について再検討すべき時期であると述べたそうだ（『滄溟』）。この言葉尻をとらえるわけではないが、教職員の中に校長自身が入っていたのか否か定かでないが、この他人事的発言は田中・松生時代は校長（所長）自らが先頭に立って、日頃築いていた人脈を通じて母校発展に尽力されたことと比較すると隔世の観がする。

余談はともかく、先の事業仕分けを受けて平成二十八（二〇一六）年に水産総合研究センターと水産大学校は統合されて国立研究開発法人水産研究・教育機構となった。このように水産大学校は、国が政策として行革、仕分けなど打ち出すと、その都度、廃止だ、縮小だなどとマイナス面での影響を受ける。これも元を正せば、戦後釜山から引き揚げて来たことに起因している。つまり外地に創建された国立の高等教育機関であるが故に、内地創建の高等教育機関にはない宿命、別の言葉で言うといじめに遭っているように思える。構造的には原発事故で故郷を離れた人が、移住先でいじめに遭っていることと似ているように思えるのだ。

古代船実験航海「野性号」と「海王」

水産大学校のカッターボート部の学生たちと関係教官は、再現された古代船を使って古代史究明の実験航海で二回寄与している。一つは、昭和五十（一九七五）年に、角川書店の角川春樹氏が主催した「魏志倭人伝」の航路、朝鮮半島の帯方郡から半島の西側沿岸海域を通って釜山、対馬経由で九州の末慮まで魏使の航程を再現させる航海だ。[42]もう一つは、平成十七（二〇〇五）年に、読売新聞西部本社が主催した「大王のひつぎ実験航海」[56]で熊本県宇土市から北部九州沿いの玄界灘、関門海峡を経由して瀬戸内海に入り、大阪まで宇土市産の馬門石で製作された石棺を運んだ航海だった。

これらの実験航海に参加した学生たちにとって、体力の限界に近い状態でオールを漕いだことは生涯忘れられない貴重な体験だったかと思う。ただ、これらの航海で選択した「野性号」の航路は（図6参照）、朝鮮半島の西沿岸を通って、同半島の南沿岸を回って釜山に隣接する金海に寄港して、金海から対馬、壱岐、九州の末慮へと渡るコースを採っているが、この航路を筆者は疑問視している。

「野性号」の場合は、拙著『安曇族と住吉の神』[43]と『弥生時代を拓いた安曇族Ⅱ』[44]などに書いた

図６　野性号の航路（●点線）と魏志倭人伝内陸路説（○点線）

ので、興味がある読者は参考にしていただきたい。同じ「野性号」を使っての航海なのに漕ぎ方で韓国と日本の学者間で意見が分かれた。結局、韓国沿岸の航海では、左右各四人ずつ都合八人の韓国人が櫓を使い、金海から末盧までの航海では左右各七人ずつ一四人の日本人がオール（櫂）を漕いでいる。

　この櫓とオールの是非については、ここでは問わないが、航路について対馬海流と一四人の学生がオールで漕ぐ船速を考えると、金海から対馬に直接渡れるか否か計算できるはずだ。この点について、海を専門にしている水産大学校の関係者の意見を聞き入れなかったのだろうか。実験航海ではこの金海から対馬の間は「野性号」だけでは渡れず、曳き船に曳航されているので、天候などの影響もあったとしても実験航海としては失敗とも言えよう。

　朝鮮半島南沿岸を航海する航路であれば、特別な用件がなければ、定説航路図を見ただけで、何も金海に寄ることなく、半島の南に出たところから直接対馬へ行く方が海流も利用できるベターな航路のはずだ。なお、筆者は、「魏志絵倭人伝」に使われている水行という言葉は、中国正史では内陸部の河川や湖沼で使われて、海を渡るときには使われていないことも判断材料に使って、干満の差が大きな朝鮮半島西沿岸海域を通る航路でなく、朝鮮半島を南北に流れている河川の洛東江を利用して金海に出て、そこから朝鮮半島南岸沿いに対馬海流を避けながら西へ向かい対馬海流の上流に行って、そこから対馬に渡る航路を想定している。もっとも帰路は対馬から直接金海に渡れる。

もう一つの「海王」の実験航海（図7・写真7参照）も航路に疑問を持つ。筆者は実際に現場検証していないので、地図上から見ただけだから断定はできないが、この熊本県宇土市産の石棺は、実験航海では大阪までで終わっているが、実際には奈良県の大和にも運ばれているわけだから、大和盆地までは海から陸路や河川の水路を使って運び込まれているわけだ。権力者であっても船の乗組員数を増やすわけにはいかないが、その点、河川水路や陸路の運搬の方では人力を得やすい。この「海王」の実験に限らず、河川利用では船を漕ぐことよりも人力で引っ張って移動するケースが多いし、陸路も船を橇として曳くわけだから、関係した地では人力が駆り出された。それらの地に、現在でもお祭りで山車として船を引き回す風習が残っているところがある。

そんなことを考えると、北部九州を大回りして玄界灘を走り、難所の関門海峡を通り抜けて瀬戸内海へ入る航路よりも、熊本に流れている緑川や宮崎県延岡市地先に流れ出る五ヶ瀬川などの河川水路や陸路を使った石棺運搬路も検討されたのであろうか、と思うわけだ。

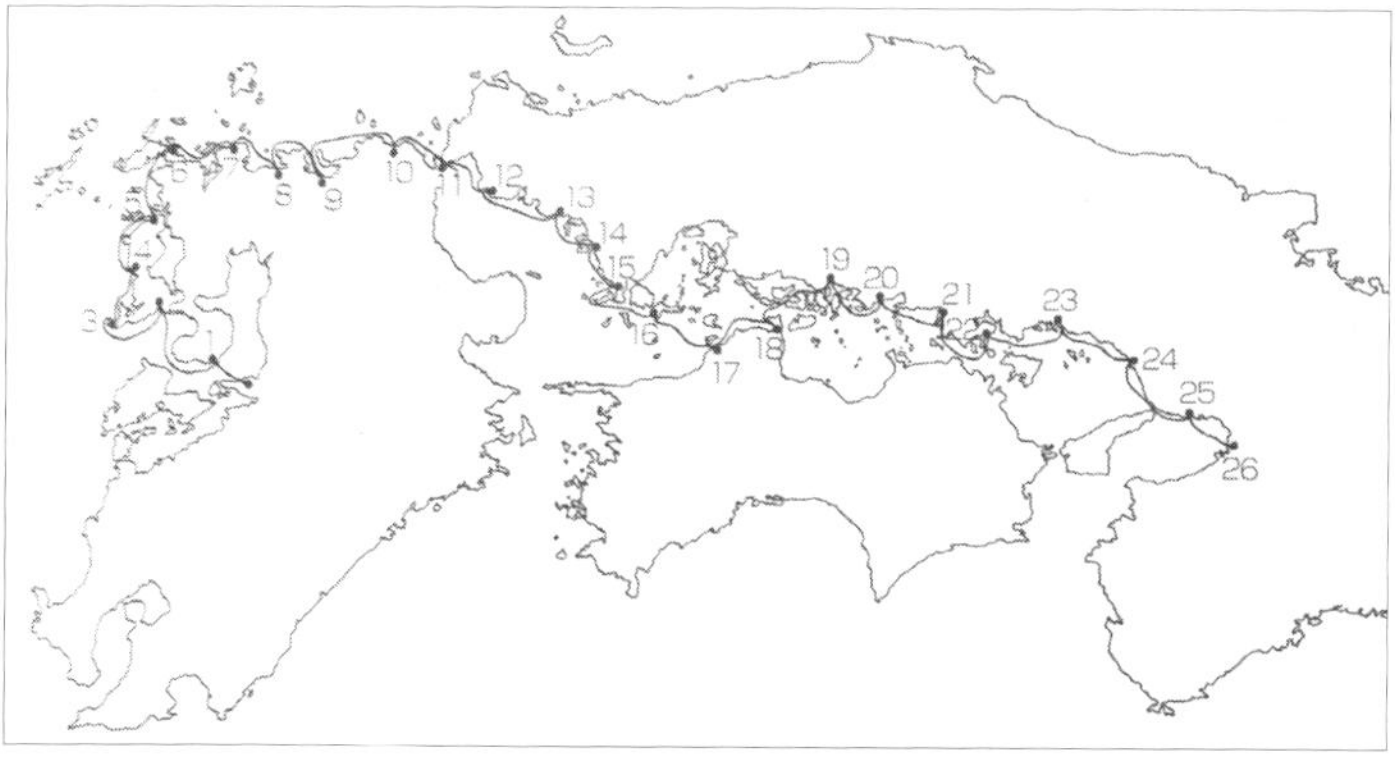

図７「海王」の航路（●点線）
（『大王のひつぎ海をゆく』より転載

写真７「海王」の航海
（『大王のひつぎ海をゆく』より転載

もっとも、古代船を使った実験は、スポンサーの宣伝効果も意識された一種のお祭りだから必ずしも史実にこだわる必要性もないのだろうが、大切な学生の協力を提供する水産大学校としては、やはり海や船の専門知識をもって、より史実に沿った学術的実験にしてもらいたいものだ。もし宣伝抜きにした実験航海であれば、現代使われている船のエンジン回転数を調整して、古代船の船速に設定して行なった方が効率的である。

国際交流

国際交流と言うと、国と国が

行きかいすることになるが、この項では、少しは政府間レベルも絡むこともあるが、学者同志の知識や技術の交流、学生の交歓、それに同窓生としての交流もあるから、むしろ民間レベルに近い交流になる。

俊鶻丸の項で紹介したビキニ環礁水爆実験調査に行く前年、ハワイに俊鶻丸が練習航海で寄港した際、現地の日系人と乗船していた学生たちとの間で、胸の熱くなる交流があった。その後も練習船が外国に寄港すると、大なり小なりその地の人たちとの間で、船上でのレセプションや柔道などの日本の武道を通じた交流もある。これらを一つずつ取り上げることは、紙面の都合と本書の主旨ではないので割愛するが、練習船が外地寄港で小さな国際交流を果たしていることは確かである。

本項では、日韓交流、日本とブラジルのアマゾン海域共同調査、北方領土墓参の三項目を採り上げ簡単に紹介する。

・韓国との交流

平成二（一九九〇）年十月二十七日、下関市にある水産大学校は、釜山高等水産学校創立以来五〇年経過したことを祝して、大韓民国国立釜山水産大学校の柳晟奎総長をはじめ国内から京谷昭夫水産庁長官、泉田芳次下関市長、東京水産大学学長などが参列する中、五十周年記念式典を同校講堂で行った（『滄溟』[19]）。

式典の中で柳釜山水産大学校総長は「二十一世紀における漁業の展望と水産学徒の使命」の題で講演された。その講演で柳総長が述べた言葉の中に、釜山水産大学校と下関の水産大学校が如何に親密な関係にあるかが伺えるので、次に拾い出して列記する。

・同窓会の滄溟会の全会員の皆様に、韓国の兄弟校である釜山水産大学校の一万余名の同窓会が心を合わせて送る祝辞を伝える。

・過ぎ去った半世紀の栄えある歴史を踏み台として、まさに開放国際化時代、技術情報時代、民主福祉化時代及び国際海洋化時代に突入しつつある新しい世紀の人類繁栄のために、先駆者的な叡智と創造的な雄飛の夢を抱いて、……。

・貴校（下関の水産大学校）と双生児的な関係にある釜山水産大学校……。

・終戦とともに、釜山高等水産学校の後身であった釜山水産専門学校は廃校にされましたが、学校再建のため当時の関係者一同が渾然一体となって精一杯努力した結果、堅く閉ざされていた校門が開かれ（昭和二十一年に釜山水産大学が発足、釜山高等水産学校の四・五期生は再入学）、今日の釜山水産大学校の前身が廃墟の中から不死鳥の如く立上がるようになりました。その後、今日に至るまで踏んで来た道は、まさにいばらの道でありましたが、遂に今日の釜山水産大学校は、海洋、水産分野の名門にまで成長するに至りました。その間、釜山水産大学校は一万余名の学士、六百余名の修士、百二十余名の博士など優秀な人材を輩出して、この人たちが多方面にわたって韓国の発展に大いに貢献して来ました。

・皆様にとって釜山水産大学校が他国の見知らない大学でないのと同じく、私たちにも水産大学校は日本の大学では感じられない一種の本能的な兄弟愛を感じさせる大学であるということを、再び申し上げる次第でございます。

・このように同じ母胎で生れて同じ分野の学問を探求しながら、また同じ西太平洋を実験実習場として共有しております両校は、今後、人的、学術的交流を一層活性化しまして、水産海洋学の発展と人類の繁栄に寄与することを望んでいる次第でございます。

・今や私たちは冷戦が氷解へ、敵国が善隣へ、対決が和合へ、閉鎖が開放へと変化し、それ故不可能が可能へと具体化されつつある新しい時代を迎えております。このような現時点において国家と国家が、また大学と大学が緊密な協力と対話を通し、われわれ現代人がより成熟な叡智を実現するようお互い激励し合うと同時に、一体になって新しい時代を主導しなければならないと考えている次第でございます。

以上で柳総長の短い限られた時間内での講演から拾い出しただけでも、水産大学校への信愛度を測り知ることが出来るかと思う。この式典では、水産大学校と釜山水産大学校との間で次の協定を交わしている（注4）。

水産大学校と釜山水産大学校との学術・教育交流に関する協定書

水産大学校と釜山水産大学校は、水産及び関連する科学に関する学術並びに教育の相互交流を促進するため、以下の諸事項の実施に

注4　この交流は水産大後援会の助成で行われている。

つき協力することに合意し、この協定を締結する。

一、学術研究及び教育に関する情報交換

二、教官及び学生の交流

上記諸事項を実施するために必要な細目は、両大学校でさらに協議して定めるものとし、実施に伴う経費は自己負担を原則とする。

この協定は二年ごとに見直しを行い、改正または破棄しようとするときは、その六か月前までに文書により相手側に通知するものとし、文書による通知がない場合は、この協定は自動的に延長される。

この協定書は、日本語及び韓国語で作成し、両大学校の代表者が署名した日から協定は発効する。

一九九〇年十月二十七日

水産大学校長　青山恒雄

釜山水産大学校水産海洋大学長（注5）　張　善徳

釜山水産大学校総長　柳　晟奎

以上

なお、この協定書に基づいて、平成七（一九九五）年に水産大学校から釜山を訪問して以来、欠かすことなく年一回水産大学校と釜慶大学

注5　水産海洋大学は日本の学部に相当する。

校（注6）との間で交互に訪問し合って、学術交流懇談会が開かれている。平成二十八（二〇一六）年九月に水産大学校で開催された学術交流懇談会で第二十二回を数え、延べ一七二名の教職員、一三四名の大学院生などの交流が続いている。

この交流は、確かに先の両大学校間で交わした協定書に基づいて始まったのだが、この協定を結ぶに至る前座的存在がある。

それは、昭和四十（一九六五）年六月二十二日に、日韓漁業協定が成立して操業の安全と漁場秩序の維持を獲得できた。これを機に、十月十二日より一週間、韓国を訪ねて韓国水産の現況を視察して日韓の相互理解と親善を深めようと視察団が派遣された。

十二日に、一行が水営飛行場降り立つと、釜山高等水産専門学校の先輩、同期、後輩多数の出迎えを受けている。

また、昭和四十一六月三十日、日韓国交回復を記念して水産大学校の教官と学生合わせて一二〇名が練習船耕洋丸で初めての親善訪問を行っている。三日間の日程で、釜山市、釜山水産大学校、水産振興院や水産施設を訪問し、一方、耕洋丸の船上では、レセプション、船内一般公開、一般市民との交歓、交流などで日韓親善の役を果している。この時、釜山水産大学校と交わしたことは、今後、互いに連絡を取り合いましょう。韓国の同窓生から日本の同窓生によろしくというメッセージを伝える約束だった。

この耕洋丸韓国親善訪問に対して、昭和四十一年十月、釜山水産大学校の練習船白鯨号が、南太

注6　釜山水産大学校は発展して釜慶大学校、大学校は日本の大学、大学は日本の学部に相当。

平洋西サモア諸島方面を練習航海して下関に寄港した。釜山高等水産学校一期生の梁在穆団長（釜山水産大学校同窓会会長）は、恩師同窓が多数在住している下関を抜かして、釜山に帰港できないと答礼訪問している。

以上は公的交流であるが、私的交流もある。戦時中の釜山高等水産学校の話になると、日本人の学生の多くが　沿岸漁業の実習で、韓国人の漁業者宅にお世話になり、韓国料理をご馳走になりながら学んでいる。昭和十七（一九四二）年入学の釜山高等水産学校二期生は、当初、クラス会を二年間に一度下関と大阪で交互に開いていたが、昭和五十七（一九八二）年に韓国の王太殷氏の参加があり、和気あいあいの中で、翌五十八（一九八三）年には釜山を訪問する話が決まり、八月十一日、日本から二期生一四人が韓国を訪問した。金海空港では、王太殷氏をはじめ韓国人の同級生三人と後輩二人に迎えられた。ここで言う後輩とは釜山水産大学校卒業生のことで、つまり、釜山水産大学校卒業生は邦人の二期生を先輩と扱っているのだ。こんなところにも両大学校が兄弟である意識が現われている。

この時の釜山での同窓会には、水産大学校の木部崎修校長を誘って釜山水産大学校を訪問している。そこで目にしたのは、釜山水産大学校の案内書の沿革に、一九四一年三月二十八日官立釜山高等水産学校設立とあることと、大学校の本館の玄関口の定礎に田中先生（田中耕之助校長）の名が刻まれていたことだった。また、釜山水産大学校は小型の練習船に耕洋号と釜山高等水産学校の初代練習船の船名を付けている。そこには日本が統治していたことへの反感はなく創設時の精神を大切にする寛大な心があった。

その他、昭和五十三（一九七八）年には、終戦の年に釜山水産専門学校に入学した五期生（水産講習所下関分所二期生）三十人余がクラス会を想いでの釜山で開いた。釜山に入った途端、「僕、梁（一期生）です」「僕、朴です」と韓国の同窓の諸先輩に握手で迎えられている。

ここで余談を挟む。それは、日韓漁業協定が結ばれる前の交渉に韓国から釜山高等水産学校二期生で農林部水産局長の金命年氏が主力になって、日本の水産庁と非公式会談を続けていた。当時、金命年氏は、日本語を話せるのに日本語を一切使わず、通訳を通じての会談だったと聞いていた。

昭和三十八（一九六三）年の秋だったか、翌年の年明け早々だったか忘れたが、その金命年氏が水産大学校を訪ねてこられたことがあった。おそらく、戦後引き揚げて行った釜山高等水産学校の姿を見たいとの思いからだったかと思う。筆者は、たまたま、千葉卓夫教授の部屋にいた。開けっ放しのドアの外を金命年氏の一行が通りかかる姿を見た千葉教授は大きな声で、「おう、金《キム》、金命年《キムメイネン》じゃないか」と声をかけた。金命年氏は間髪を入れず、「あぁ、千葉先生」と日本語で懐かしそうに返事をされた。

釜山時代の千葉先生は、動物学（専門はプランクトン）を教える一方で、夏季実習という水泳（遠泳）、カッターボート漕ぎ、潜水、ランニングなど海で働く人としての訓練、それも体力の限界まで鍛える厳しい訓練をして来た先生でもあった。この両者の短い声のやり取りの中には師弟関係、信頼関係、それに懐かしさがにじんでいた。

なお、余談の余談を入れると、千葉卓夫教授は、現在、世界で使われている和製英語のマリンスノーの命名者の一人でもある。その記録としては、千葉天吼（号）氏の句集『玄海』[59]の中に「昭和三十三（一九五八）年八月十一日、フランスのバチスカーフ（Ⅲ号）でウォ艇長と相模湾八〇〇米の海底に潜航し、プランクトンの観察を行った。艇は静かに沈下し、海底は暗黒の世界で、水温一度、水圧八十一気圧を示した。ゴンドラの観察窓を種々の魚類や発光性プランクトンの死骸が丁度雪のように降っていた。私共はこれを海雪（マリン、スノー）と名付けた」（一九七五年、非売品）とある。

筆者が当の千葉教授から聞いた話だと、プランクトンの死骸が沈殿して行く様子を見て、千葉教授が思わず「雪だ、海の雪だ、マリンスノーだ」と叫んだのが発端となり、同艇内でマリンスノーの言葉が生まれたそうだ。筆者が知る限り、千葉教授は、先の金命年氏に対しての呼びかけのように、視覚から直接口へ結ぶ回路があるような人だった。だから、思わずマリンスノーと叫んだことはあり得ることだ。それも声が大きかった。その点、当人も承知しており、俳句の号を天に吼える「天吼」としている。

もう一つ、これまで既に述べて来た釜山高等水産学校創設、戦後の引揚げ、水産講習所下関分所、下関水産講習所と、現在の水産大学校に尽くされた松生義勝の功績を記念して胸像が造られ、その除幕式が、平成二十九（二〇一七）年一月吉日に行われた。場所は、水産大学校内で既に建立されていた田中耕之助の隣に並んで建てられた。費用は前年の平成二十八（二〇一六）年一月から始めた同窓生などへの募金で賄った。実は、この松生の胸像建立の話は五〇年ほど前から出ていたが、いろいろ小難しい問題があって実行に移されなかった。

だが、四〜五年前に、この話を同窓会の滄溟会関東支部役員の濱崎信郎氏が来日された二期生で韓国人の王太殷氏に話すと、王氏は、即、賛同して是非やってくれ、と多額の寄付をされた。まだ全然建立の具体的な話がない中だけに、寄付を預かった濱崎氏は困った。やむなく、濱崎氏は小難しい問題があるなかで、実行委員会を立ち上げるなど建立へ向けて具体的に動き出して王氏に応えたのだった。おそらく、王氏の寄付がなければ松生の胸像は建っていないだろう。ここにも日韓という国境は存在しなかった。

余談が長かったが、話を戻す。日本と韓国、下関と釜山、水産大学校と釜慶大学校水産科学大学との交流の底辺には、以上の経緯がある。本項の表題に国際交流と表現したが、この経緯から判断すると、国と国、というのではなくて、むしろ、人と人との交流の方がふさわしいようにも思える。だが、国があって人があるのではなく、人があって国があるのだから、現在つづけられている兄弟意識をもった人と人との結びつきが発展して、やがて、その下で国と国とが結びつくことが望ましいかと思う。

・ブラジル（伯剌西爾）との交流

この項は、国廣淳一記述の『滄溟』[47]から抜粋させていただいた。

ブラジルとの国交。昭和五十四（一九七九）年、ブラジル漁業開発庁（SUDEPE）は、漁業先進国の日本とアマゾン海域共同調査を希望し、まず、二月に水産庁ミッションによる短期陸上予備調査が実施された。さらに六月、漁業開発庁長官から水産大学校宛てに、日伯共同海洋調査計画案とその実施の要請がもたらされた。そこで、釜山高等水産学校二期生の国廣淳一がベレンに在住する唯一の滄溟会員として協力することとなった。

八月に、ブラジル漁業開発庁長官は北京訪問の途上日本に寄って、国廣を挟んで日伯共同海洋調査計画の下打ち合わせが行われた。つづいて八月下旬にベレンで、当時の渡辺美智雄農林水産大臣と漁業開発庁長官との会談が実現した。そこに同席した国廣は母校の水産大学校と連絡を取って、練習船耕洋丸のアマゾンへの遠洋航海を計画に盛り込んだ。

ちょうど日本人アマゾン移住五十周年の年に当たり、ブラジルは、パラ（PARA）州挙げての記念式典が行われた直後で、加えて日本の練習船耕洋丸が来航するのだから、より意義深いものとなった。

耕洋丸の来航は、事前にTV・新聞などで報道され、ベレンの市民はその来航を心待ちにしており、国廣へ入港予定時間等の問い合わせも多かった。十二月六日、晴れ渡った灼熱（連日三七〜八℃）のベレン港に船長以下百余名の乗組員・学生を乗せた耕洋丸が一二〇〇〇マイル余の波涛を越えて白いスマートな雄姿を見せた時、二時間も前から岸壁に立ち尽くしていた多くの出迎えの人々にとって、船尾の日の丸と檣（帆柱）頭高く青空に翻る水産大学校の校旗は目に沁みるものがあった。

十二月十一日、耕洋丸はブラジル各地からの二一名に及ぶ海洋科学者・調査員・海軍士官等を乗せて前半の海洋調査（S・T・D・、プランクトンネット、採泥、稚魚ネット等）及び試験操業へと出港した。二四ポイントで海洋調査を実施し、六ポイントでトロール網による試験曳網に、乗船した調査関係者は固唾をのんで見守った。網が上がり、コッドエンドから出て来た魚に目を見張り、標本採集に右往左往した。夜はブラジルからの乗船者たちのために船内で、日本の水産研究の映像が放映され楽しませていた。

耕洋丸は、昼間試験操業、夜間移動と休むことなく、予定日程を消化した。前半の調査・試験操業は九日間であったが、数多くのデータ・標本などが得られたのでブラジルの乗船者は大いに満足したようだった。十二月十八日夜、入港のためパイラーを待つ間、最後の夜をブラジル人乗船者のために送別会を開いた。翌朝十時、雨が降る中、ベレン港に接岸し、ブラジル人乗船者たちは日本人と握手を交わしてクリスマスを待つ自宅へと下船して行った。

耕洋丸は、ベレンに都合一一日間停泊し、その間五〇〇〇名余の見学者があった。当直の学生は多忙を極めた。船内で「アマゾンの詩」を放映したとき、多くの日系の方々が涙を流された。また、船内見学者や乗船海軍士官の家庭への招待、各県人会や日本企業からの招待もあり、耕洋丸は日本とブラジルとの潤滑油的役割を果たしてくれた。

この項で、国廣は、最後に、今後とも練習航海により国際親善の成果を高め、学生諸君のためにも大いに役立って欲しいと願っている、と結んでいる。

・北方領土墓参

日本は、昭和二十（一九四五）年七月二十六日にアメリカ、イギリス、中華民国が日本に無条件降伏を求めたポツダム宣言を同年八月十四日に受諾し、そのことを翌十五日に昭和天皇の玉音放送で国民に知らせて、同年九月二日に、東京湾の海上に浮かべたアメリカ戦艦ミズーリ（Missouri）号の甲板で日本政府と連合国代表が、日本の全軍が無条件降伏する旨の文書に調印した。

太平洋戦争終結の日を、これらの中から何れの日にするかはむずかしいのだ。前述の釜山水産専門学校が八月十五日から引揚げの準備に入ったように、日本では八月十五日とするのが一般的だが諸外国では九月二日が多いと言った具合である。

ところで、ソ連軍が八月十八日に日ソ中立条約を破棄して、北方領土に攻め込んで武力侵攻し、九月四日には北方四島を含む千島列島を占拠してしまった。ボクシングで言えば、ＴＫＯのタオルを投げ入れた後に、パンチを浴びせられてダウンさせられたようなものだ。だが、ソ連軍はそんなことにお構いなく、日本の北方領土の択捉島、国後島、色丹島、歯舞群島などの島々に上陸して武力でもって住民を追い出した。

故郷に家財を置いたまま、命だけを持って内地に引き揚げさせられた島民たちは、その後、苦労を重ねながら生活して来たが、最もつらかったのは、島民の精神的支えである先祖のお墓に参ることができないことだった。日本政府は、人道的立場から元島民の墓参をかなえられるようにソ連と交渉を続けて来た。その結果、昭和三十九（一九六四）年に初めて水晶島（歯舞群島）と色丹島へ水産大学校の練習船天鷹丸（四四八トン、一〇〇〇馬力）の協力もあって、五一人の元島民は、念願の墓参が出来た。大きな天鷹丸では直接島に接岸できないので、参拝者たちは小船に乗り移って島に上陸す

写真８　北方領土墓参
（水産大学校練習船「耕洋丸」資料）

るわけだが、その際、揺れる海上での乗下船行動は年老いた元島民にとって危険が伴うので、天鷹丸に実習で乗船していた学生たちが手を取り、あるいは背負ったりして島への上陸の手助けをした。おそらく、手助けした学生にとって、日本を考えさせられる生涯忘れられない実習航海になったであろう。

北方領土墓参は（写真８）、毎年連続して行われたわけではない。実施できたのは、昭和四十三（一九六八）年、昭和四十六（一九七一）年～四八（一九七三）年、昭和五十一（一九七六）年～六十（一九八五）年と言った具合で、中断されながらの都合一四年間、それに、当時のソ連が、北方領土をソ連領だと主張してビザを要求したことなどもあって、中止された。その後、交渉を経て昭和六十一（一九八六）年に身分証明書での渡航が可能になり、墓参が再開されている。

感謝状

独立行政法人水産大学校練習船 耕洋丸
船長及び乗組員一同殿

貴殿は平成十七年度北方領土墓参に
深い理解を示されその実施に当たり
墓参団の国後島及び歯舞群島
への輸送に多大な尽力をされました
よってここに深く感謝の意を表します

平成十七年十月十二日
国務大臣
内閣府特命担当大臣
（沖縄及び北方対策）
北方対策本部長　小池百合子

写真９　北方領土墓参
小池百合子国務大臣からの感謝状
（水産大学校練習船「耕洋丸」資料）

なお、この北方領土墓参は、先述のとおり、昭和三十九（一九六四）年から始まり、平成二十八（二〇一六）年までの五二年間に、四五〇四人の墓参者があり、延べ七二隻の船が使われたが、それには次のとおり、大学の練習船が三〇回協力している。北海道大学の「おしょろ丸」七回、「北星丸」九回。東京水産大学の（現・東京海洋大学）「神鷹丸」一回。東京商船大学（現・東京海洋大学）の「汐路丸」一回。水産大学校の「天鷹丸」一回、「耕洋丸」一〇回（表彰状　写真9）。鹿児島大学「敬天丸」一回（内閣府北方領土墓参実施状況による）。

第六章　産業と大学

長い歴史の中で、今日の大学は改称されながら発展してきている。日本を代表する東京大学でも学部の統合や学制改革などを機に、東京開成学校、東京大学、帝国大学、東京帝国大学、東京大学と改称されている。歴史が比較的浅い水産大学校だが、これまで述べて来たとおり、釜山高等水産学校、釜山水産専門学校、水産講習所下関分所、第二水産講習所、水産講習所、水産大学校と改称して来た。その中で、第四章で述べた戦後の学制改革にともなって第二水産講習所から水産講習所に至る過程で、農林省所管の水産講習所を踏襲するか、あるいは、文部省所管の山口大学の水産学部として大学昇格を選ぶかの問題に直面した。そこで当時の水産業界関係者の意向と第二水産講習所田中耕之助所長たち学校側の考えで、農林省所管の水産講習所を選択した。その結果、国立でありながら文部省に所管していないばかりに、国立大学と同額の学費を収め、同等あるいはそれ以上の教育を受けながら、学校教育法で定められた大学と認められなかった。そのため学生たちは学士号が与えられない、教員免許もないなどの不利を被ることになった。その不満があり、学園紛争でも大きな問題となった。だが、その後、農林水産省所管でも学士号や教員免許が取れるようになった。

本章では、現在の水産大学校が、戦後の学制改革当時、田中・松生・飯山らが農林省所管を是として選択したこと、田中が訓示した「百年の計をもって海を耕す」の真の意義、水産講習所の採って来た実学教育について検証する。またその検証結果を基に、これからの高等水産教育の進むべき方向などを探ってみる。

実学教育

　前文に記載した検証項目の順番を逆にして実学から探っていく。まず、『広辞苑』（第六版）で実学を引く。「空理・空論でない実践の学。実際に役立つ学問。応用を旨とする科学。法律学・医学・経済学・工学の類」とある。ついでに実学主義を引く「（realism）事実・実践・経験または応用・実験を重んずる立場。形式化した人文主義の影響を受けた古典本位の教育に反対して十六世紀に起り、十七世紀以降、自然科学並びに経験論に影響されて有力になった。日本では福沢諭吉が提唱」とある。

　これだけでは、実学がわかったようでわからない。また、日本で最初に提唱したのが福沢諭吉（一八三五～一九〇一年）のように受け止められかねない。実学は、時代が変化する中で自然発生的に生じて来たのだから、誰が提唱して始まったとは言い切れない。そんな中で比較的分かり易いのは、福沢諭吉以前に、横井小楠（一八〇九～一八六九年）らが関与した肥後藩の実学だ。

　小楠は肥後藩士だった。当時の肥後藩は、朱子学を基本に学ぶ藩校の時習館出身者の学閥があって、幕藩体制をとっていた。この保守的な学閥集団は学校党と称され、それに疑問をもって実生活に活かせる学問を模索し、開国を支持する革新的な人たちを実学党と称した。小楠は実学党に属していた（亀山）[45]。

　天保十（一八三九）年に小楠は江戸へ出る。そこで多くの識者との交遊を通じて見識を深めていった。中でも藤田東湖（一八〇六～一八五五年）は、水戸藩の改革を行った九代目藩主徳川斉昭（一八〇〇～一八六〇年）を支えた水戸学の大成者の一人とも言われ、東湖の思想は、幕末の吉田松陰や西郷隆盛などにも影響を与えている。やがて、東湖らに学んだ小楠は大成する。小楠の名声は全国に広まり、坂本龍馬、吉田松陰なども肥後熊本を訪ねて教えを受けるようになった。それでも、小楠は、肥後藩では学校党の保守勢力が強かったこともあって、評価されなかった。だが、越前福井藩に迎えられて藩政改革を指導し、幕府の政治改革にも活躍している（沖田[35]）。

明治維新後、細川護久（一八三九～一八九三年）が熊本県知事に就任すると、初めて実学党が主流になり、日本の将来を拓くには先進する西洋文明を採り入れなければならない、として、明治四（一八七一）年に熊本洋学校と熊本医学校を設立した。洋学校には小楠の長兄をはじめ小楠の弟子らが入学し、後に京都の同志社に参じた学生集団が、同志社創学に大きな影響を与えたので、彼らは熊本バンドと称された。医学校からは、日本の医学をリードした北里柴三郎、緒方正規、浜田玄達などが出ている（亀山[45]）。

話を戻すと、実学は、肥後藩の実学党が主張した、「実学とは実生活に活かせる学問」が分かり易い表現かと思う。実生活には衣食住が欠かせない。自給自足が出来なければ衣食住に費用がかかるから、その費用に関する経済学は実学だ。また、健康であっての生活だから医学も実学だ。また、生活に欠かせない衣食住の生産に関与する学問も実学になる。そうすると、食料を生産する水産をはじめ衣食住に関与する学問はすべて、実学と受け止めた方がいいことになる。

なお、昨今、実学を微視的にとらえて職業訓練、応用科学、実益主義などと表現することが多いが、それと実生活に欠かせない実学は少しずれている。また、新入社員にインターンシップや資格修得をさせる企業もある。ということは、企業がそういう知識や技術を入社以前に身につけた人材を要求していることの表れである。この企業の要求に応えることは大切だが、その程度にもよるが、大学が企業の要求する知識や技術を身に着けただけの人材を育てる教育機関であれば、それは職業訓練に近い教育になる。大学の高等教育は、身に着けた知識や技術の上に、それらを応用できる力、新たな考えを出す力を備えなければならない。この応用力や創造力をここでは知恵と呼ぶことにする。つまり、高等教育機関の大学は、知識や技術の詰め込みでだけでなく、加えて知恵が出せる人物を育てる場のはずだ。

ただ、昨今の大学入試制度では、より多くの知識を記憶し、限られた時間内に出された問題の答えを素早くそれらの記憶から引き出せる者が勝者になる。そこには知恵の要求は、ほとんどなさそうだ。この勝者の能力は、コンピューターのハードディスクなどに貯えた多くの記憶データから必要事項を素早く検索する作業と似ている。こうやって入った大学で新たな記憶データを頭の中に加えて行けば、トップクラスの成績か、それなりの成績は残せるだろうが、はたして頭の中の記憶データからどれくらい知恵を出せるのだろうか。

ところで、昔の徒弟制度では、師匠は弟子に手取り足取りで教えないから、やむなく技や芸は盗んだと言うが、この盗む行為は、自分の頭で考えるわけだから、知識から知恵を出させる教育方法として、現代の大学教育は見習うところが大きいかと思う。

水産を例にとると、大学で魚の生態や漁撈すなわち魚を獲る講義を受け、実際船に乗って漁撈作業の実習もやる。それなりの漁撈知識が身につく。たとえ大学では優秀な成績を収めたとしても、卒業後の就職先では必ずしも漁船に乗って漁撈作業をやるとは限らない。水産物の流通にかかわる商社などに入って、陸上での仕事に携わる人もいる。その場合、大学で受けた教育の知識や技術を直接活用できる仕事はほとんどないかもしれない。そこで求められるのは知恵だ。野球で言えば、学生時代ピッチャーをやっていたが、プロに入ったら内野をやらされたようなもので、野球全体の動きを承知していれば、内野の動きもわかるが、そうでなかったら内野として使えないだろう。水産教育で魚の生態を知り、漁獲から消費に至る過程を承知していれば、自分のポジションと役割を掴むことはそう難しくないだろう。そのどこのポジションでもこなせるには、それなりの知恵が要る。その知恵を出せる高等教育が大学のはずだが、現代の大学教育はどうなっているだろうか、気になるところだ。

百年の計をもって「海を耕す」

田中耕之助が唱えた「海を耕す」には、誰がという主語が付いていない抽象的な表現でわかり難くい。だから、狭義に受け止めることも広義に受け止めることもできる。水産を主語にして農耕と同じように「水産も海を耕す」と表現すると、何だか古くから行われて来たノリやカキ養殖や近年盛んになって来た魚類養殖がイメージされて、広い海のごく一部を利用する狭義になる。第三章で述べたとおり、田中は、若き頃欧米を訪ねたときに「漁業は獲るばかりでなく、獲る前に増やすことを考えろ」と教わったことがきっかけで、「海を耕す」の言葉を使い始めたと言う。当時の田中は、ここで言う狭義の意で受け止めていたのかもしれない。これだと、昭和五十六（一九八一）年に全国漁業組合連合会と都道府県の主催、農林水産省の後援で始まった、稚魚放流などを行う水産の資源保護や資源管理の大切さを主張することを目的にした、「豊かな海づくり大会」やブリやマグロの養殖の範疇に入るかと思う。

しかし、田中は、「海を耕す」に百年の計をもってと主張している。百年の計とは、時間的に長いことだから、その間、海を耕していれば、必然的に対象域が広がるから広義になる。海には魚介類を対象にした水産物資源だけではなく、鉱物資源やエネルギー資源などもある。これらをも対象になってくる可能性が秘められたスケールだ。だから「百年の計をもって海を耕す」は広義の「海を耕す」になる。田中は、講義や実習などで狭義の「海を耕す」の知識を身に着ける大切さと、その先にスケールの大きな広義の「海を耕す」があることを忘れないよう繰り返し学生に「百年の計をもって」を付け加えて訓示していた。また、練習船に「耕海丸」や「海耕丸」でなく、海（sea）より広い洋（ocean）を使って「耕洋丸」と命名していることにも、広義の「海を耕す」が表れている。

もう一つ田中の「海を耕す」の言葉が生まれた背景がある。それは、第四章と重複するが、田中らが実学にこだわった背景に「日本資本主義の父」とも言われ、実業界で実学を実践して来た渋沢栄一の教育姿勢に大きく影響されている。先に触れた水講事件で、渋沢は、「水産も（商業教育と）同じで農商務省所管じゃなければならない。水産学者を育てるのは帝国大学の水産学科に委ねて置けばいい。水産講習所で学者を育てる必要はない。水産講習所は実務教育に尽くす」と言っている。つまり、渋沢の考えは、先に実学の項で述べた肥後藩の実学党が主張した「実学とは実生活に活かせる学問」と同義なのだ。

この渋沢の実学主義は、当時の若者に大きな影響を与えている。これも先に触れたが、釜山高等水産学校創設当時、朝鮮総督府の殖産局水産課北野退蔵技師は、水講事件当時の水産講習所の学生で文部省移管に反対し、渋沢らの尽力で水産講習所へ戻った学生の一人であった。その北野が勧める水産講習所の実学教育を釜山高等水産学校に受け入れた穂積真六郎殖産局長は、東京帝国大学出身だが、渋沢の長女の子、すなわち渋沢の孫でもある。だから祖父渋沢の血を引き、その影響を受けている。

水講事件当時、田中は水産講習所を卒業して三年目で同所に残って助手を務めていたし、松生も同所卒業一年目でやはり助手を務めていた。この若い二人は水産講習所の伝統の実学を受け継いで行く使命を有していた。加えて、渋沢が二つの事件で取った実学教育を徹底させる姿勢に強い影響を受け、水産講習所の実学教育をより大切にする使命感がより強まった。こんな実学教育に徹底した背景のもと、田中の「海を耕す」を信念とする百年の計が生まれて来た。

それでもまだ「海を耕す」は抽象的表現でわかりにくいかと思う。そこで別の視点からとらえてみる。「耕す」は英語ではカルチベイト（cultivate）、名詞にするとカルチャー（culture）で、一般的には文化と訳される場合が多いが、教養、修練、耕作、飼育などの意もある。つまり、「耕す」は育てると同義である。そうすると「海を耕す」は、人が海から実益を得るように、海を育てるということになる。つまり、人が何かを海に与えてその見返りを得るという考えだ。言葉を換えると、ギブ・アンド・テイク（give & take）になる。そのギブが具体的には狭義では、養殖では餌を与えることであり、稚魚放流であり、水産の資源保護や資源管理である。広義では人知を海に注ぎ込むことになる。

広義の「海を耕す」は、海を水産だけで考えるのではなくて、海を育てればこれまでにない実益を人にもたらすことにつながるということだ。田中は、時間的に百年先の人と海とのかかわりに思いを馳せていたのだから、空間的にも地先の海など限られた狭義の「海を耕す」だけでなく、広義の世界の海を視野に入れて「海を耕す」の思いをもっていた。そうかと言って、田中自身が百年先を読み切っての百年の計だとは考えられない。人と海との関係は時間とともに変化発展することは先刻承知の上での百年の計なのだ。だから広義の「海を耕す」精神で人が海に接していれば、時代の変化発展に伴って人は海から実益を得る。そのために大切なのは実学教育でより多くの知恵を身に着けた人材を世に送る教育方針を執ったのだ。

話は少しずれるが、この人が海から実益を得る考えに沿ったのが、昭和六十三（一九八八）年、当時、神奈川県三浦市の久野隆作（一九三六～二〇一〇年）市長から提唱された海業という概念である。

久野市長の考えを一言で言えば、海を対象にした事業を起こし、利益を得る、という実学の「海を耕す」に通じる考えだ。ただ、残念ながら、この海業構想は当時の水産関係者の間で理解されなかったのか水産の一分野に閉じ込めてしまい、スケールが小さいものになってしまった。だが、その後、水産関係者も海は水産だけのものではないと気付いているはずだから、おそらく、近い将来、海に関しては、再び久野の海業と同じような考えが提唱されるであろう。こういった海に対する新たな考えが出て来た時に、それらを採り入れ知恵を出せる実学教育が大切なのだ。

以上が、わかり難い田中の「海を耕す」を筆者自身が理解するために検証した結果である。この理解に基づいて今後の「海を耕す」の発展方向については、本章の最後に「海を耕す」ギブ&テイクの項で具体的な提唱をする。

一県一大学制は失策

これも第四章で述べたとおり、戦後の学制改革当時、下関の第二水産講習所は文部省所管の新制山口大学の水産学部を選択しても表面上何も問題なかった。それにもかかわらず、田中耕之助所長を中心にそれを断り、明治二十一（一八八八）年の水産伝習所（民営）設立以来、明治三十（一八九七）年の水産講習所（官営）が一貫して踏襲して来た実学の道を継承した。その背景に、先述の田中らが実学をもって水産の高等教育に専念する使命感が関与していることは間違いない。加えて、東京の第一水産講習所が農林省所管から文部省所管の新制東京水産大学（現東京海洋大学）に昇格したことで、もし長年水産講習所が継承して来た伝統の実学から、東京水産大学が離れて水産学の研究者を育てる教育機関となった場合を危惧して第二水産講習所が、水産講習所の伝統を引き継ぐことも考慮されていたであろう。その後、東京水産大学は、産業界へ人材を提供する一方で、学者も育つ大学として発展してきたので、先の危惧は取りこし苦労に終わった感がしないでもない。

ところで、百年の計という百年は、何も百年後にどうなる、と言った実年の百年ではなく長い時間スケールということだ。だから、釜山に創設された高等水産学校以来、既に七五年以上経っているので残り二五年を切ったなどというのは間違いだが、二〇一七年現在、大学はいろいろな問題を抱えている。戦後行われた新制大学制度の当時、田中らが採った農林省所管の単科大学申請は、一県一国立制度もあって採用されなかった。その結果、山口大学の水産学部を断って、農林省所管の水産講習所を選んだのだが、その成否は未だ出ていないと言っていいだろう。そこで、戦後採られた一県一国立大学制度を検証してみる。

羽田貴史氏の『戦後大学改革』(67)によると、この制度は、戦後、占領軍総司令部（ＧＨＱ）が有無を言わせずに押し付けた制度で、絶対的なものだったと受け止められている向きがあるが、必ずしもそうではない。大学の地方分散は、ＧＨＱ（連合軍総司令部）によって日本側へ指示された諸政策に起源を置くのではなく、戦前に高等教育機関の地域配置が、総力戦体制の国土計画の一環にあった。その国土計画の中で、大都市の人口を分散させることが挙げられて、そのために工場や学校を地方に分散させる考えが出された。具体的には、昭和十六（一九四一）年の『国土計画ノ策定ノ為ノ研究項目』の中に、一定の地域に大都市から移転して研究所・専門学校を配置することが盛り込まれていた、と言う。

さらに、羽田氏は、昭和二十三（一九四八）年五月に作成されていたとみられる「秘　国立新制大学の実施について（未定稿）」がある。これは、同年六月十日に行われた高等教育班の会議に提出された資料で、当時の文部省調査担当局長だった辻田力が残していた。その中に、国立新制大学に切替える学校は原則として、「現在の国立総合大学、官立の大学、高等学校、専門学校および教員養成諸学校とする。新制大学の切替えに当たっては、特別の場合を除き、同一地域の官立学校はなるべく合併して一大学とし一地域一大学の実現を図り、経費の膨張を防ぐと共に大学の基礎確立に努める」とあった（羽田）[67]。

昭和二十三（一九四八）年七月六日に、ＧＨＱの民間情報教育局ＣＩＥから文部省へ高等教育機関の再編成を指導する基本的一一原則が提示された。その中に各都道府県に少なくとも一つの国立大学が設置されること、できれば一九四九年四月一日までに完成させるべきだとあった。これは、文部省の方針と大きく違う所はなかった（羽田）[67]。

以上の経緯で地方国立大学は発足したのだが、国土計画の中にあった大都市集中の人口を地方へ分散させ構想は、昭和二十五（一九五〇）年と平成二十七（二〇一五）年の国勢調査結果（総務省統計局）の資料から読み取ると達成されていない。この六五年間に、日本全体の人口は、四三〇〇万人弱増えているが、元々人口が少なかった県は、増えることなく減少し、元々多かった都府県は増えている。すなわち、平成二十七年の人口が少ない順五県は、昭和二十五年には日本全体の四・五％を占めていたが、平成二十七年には二・五％に減っている。逆に平成二十七年の人口が多い順五都府県では昭和二十五年の二一・三％から平成二十七年に三六・一％に増えている。つまり、一県一大学制を採ったが、人口の地方分散は見られず、逆に都市部に集中したということになる。

また、この一県一大学制には人口問題の外に、教育の機会均等と地方産業との結びつきも盛り込まれていた。この件に関しては、一九七〇年代初めの調査結果（一九七四年）を基に天野郁夫氏が『大学改革のゆくえ』[27]で次のように述べている。

「当時は高度成長期で、地元に残る卒業生はほとんどいない。優秀な人材はどんどん外へ出て行ってしまう、という状況でした。またこの時期は受験競争が激しかった時代で、各大学とも地元より他府県の高校生の方が、入学者に占める割合が高くなっていました。つまり一県一大学原則でつくられた国立大学は、その地域の大学になるというより全国化する方向にあったのです」

以上の結果から見た限りでは、当時の文部省とＣＩＥとの間で意見交換したとはいえ、最終的には日本は、ＣＩＥの命令で、一県一国立大学制を採り入れた形になっている。だが、文部省、ＣＩＥのいずれの策にしても、この策は戦後の日本にとって良策だったとは言えそうにない。

それに、一県一大学制が施行されると、同一県内にあれば、いくら距離的に離れている専門学校などを無理してでも一大学の学部として統合させねばならない。だから、外野席から客観的に見ると、形式上は一大学であっても、現実は統一された大学か、と疑問視される大学もある。

たとえば、昭和二十四（一九四九）年に一県一大学制に従って設置された信州大学の例を見ると、長野県下にあった旧制の松本医科大学、松本高校、長野師範学校、長野青年師範学校、長野工業専門学校、上田繊維専門学校、長野県立農林専門学校が合併して新制信州大学になったわけだが、平成二十九（二〇一七）年現在でも、本部は松本市にあるが、教育学部は長野市西長野、工学部は長野市若里、繊維学部は上田市、農学部は上伊那郡南箕輪村と分散している。

中でも、現在の繊維学部の前身は明治四十三（一九一〇）年に長野県上田市に地元の養蚕業の発展のために設立された上田蚕糸専門学校であり、農学部の前身は昭和二十（一九四五）年四月に長野県上伊那郡南箕輪村に、地元農林業の発展のために設立された長野県立農林専門学校である。両校とも地元の産業と密接に結びついた実学を身に着ける高等教育機関だったから、一県一大学制で信州大学となっても、キャンパスを本部がある松本市に移すことはできないわけだ。単純に考えると、繊維学部も農学部も独立して単科大学とした方がすっきりする。

なお、一県一国立大学制を採ることによって経費の膨張を防ぐ狙いもあったが、今後、ＡＩ（人工知能 Artificial Intelligence）の活用などによって、戦後の当時と大きく違ってくるだろう。問題は、一旦決めてしまった学制を改めることをしないで、そのままにしていると一県に複数の国立大学を設けることも学部を単科大学に独立させることも難しい点にある。

文部科学省の権限

ところで、平成二十九（二〇一七）年に、文部科学省の官僚が国公私立大学へ再就職した、天下り問題が発覚した。そこで文部科学省は、部外有識者で構成された再発防止策の検討会を四月から六月末の間に四回開いた。主な検討事項は、現役時代に仕事上で関係していた営利企業などへの再就職を禁じる公務員法第百六条の二などに照らしてのコンプライアンス（法令遵守）が採り上げられている。

だが、天下り問題が生じる根底には、官僚の退職後の再就職と同省が保有している権限がある。再就職は、官僚の生活の問題も絡んでおり、退職後、心身とも元気なのに収入が断たれるようでは、優秀な人材は文部科学省へ入って官僚になることを望まない。半面、文部科学省は日本の頭脳を育てていく部署だけに、より優秀な人材を集めねばならない。だから、退職後もそれなりの生活ができるように、あるいは、優秀な才能を継続して活かせるように、何らかの形で保証して優秀な人材は集めねばならないのだ。

一方、文部科学省は国公私立大学に対する認可と予算配分の権限をもっている。現在、大学を新設あるいは学部新設する場合などには、次の手順で認可を得なければならない。まず、設立希望者が文部科学大臣に認可の申請をする。申請を受けた大臣は、「大学設置・学校法人審議会」に諮って大学設置基準や審査基準への適否を審査してもらう。適しているという答申であれば大臣が申請者へ設置を認可する。この一連の事務手続きを、文部科学省の官僚が受けもっている。また、文部科学省は、国立大学への運営費交付金、公私立大学への補助金の配布も扱っている。つまり、文部科学省は、運用によって大きな力となる認可と予算という二つの権限をもっている。

以上のことを頭に置くと、市民感覚では文部科学省の天下り問題は、コンプライアンスだけでなく、優秀な人材を集めねばならない使命と強い権限を持っている文部科学省の構造に行き着く。さらに一歩踏み込むと、文部科学省の官僚が、全国の国公私立大学へ再就職している実状からみて、大学にとって何らかの見返りがあるのではと勘ぐることになる。つまり、認可に関する情報や交付金や助成金という手土産をもって、大学への再就職だったら大学から歓迎されるだろう、と思うわけだ。これをコンプライアンス問題とし、国家公務員法に規定された再就職への縛りに照らすだけでは、道路交通法だけで駐車違反や速度違反を一掃しようとすることと同じで、その時は違反切符を切られて「しまった」と思うが、再発防止にはならない。

単純に考えても、特定の箇所に権限が集中すると、弊害は起こりやすい条件になることはわかる。だから、天下り問題の再発防止には、権限はできるだけ分散させることだと思う。つまり、文部科学省の天下り問題は、優秀な官僚の再就職を真剣に考えてやることと、認可と予算配分という強い権限を他省庁や他機関に譲る権限の分散などを考えねばならないはずだ。そうは言っても、一介の市民に過ぎない筆者にとって、優秀な官僚の再就職問題は扱えそうにない。ここでは、文部科学省が大学設置や学部新設の認可に関する権限を握った経緯について、次の二人の論文を通して紹介する。

一人は土持ゲーリー法一氏で、『戦後日本の高等教育改革政策』[60]に書いている。もう一人は細井克彦氏で、「『大学設置基準』に関する一考察」[71]に書いている。土持氏と細井氏の論文は、教育の世界に疎い筆者にとって、込み入った難解な文章だ。例えて言ってしまえば、二人の文章は、もつれた縄を解いてはいるが、まだ素人でも使えるように巻き取られていない状態だ。だから、縄の扱いに慣れない筆者が、下手に間違った箇所から縄を引っ張ったのでは再度もつらしてしまいそうだ。そんな危うい状況ながら、両氏の論文から使えるところを取り出してつないでいくと、大略次のような縄になった。

時は戦後、昭和二十一（一九四六）年三月に来日した米国第一次教育使節団の報告書から、昭和二十五（一九五〇）年八月に来日した第二次米国教育使節団の報告書までの文部省時代にさかのぼる。それに、戦後駐日したＧＨＱ（注1）の占領軍の部局の一つで、教育・芸術など文化戦略を担当した民間団体のＣＩＥ（注2）と文部省や日本の知識人との間で議論された中から学制改革が行われ、その結果、時の文部省が大学設置認可に関する権限を掌握したわけだが、そこに至る経過は一筋縄ではなかった。

戦後の学制改革で生まれた四年制大学が一元化で六・三・三・四制が敷かれたが、この中で高等教育が四に落ち着くまでに紆余曲折があった。アメリカの大学をモデルにすると、四年制大学をカレッジ、この四年制に大学院をプラスした大学をユニバーシティ（総合大学）になる。だから、第一次米国教育

注1　ＧＨＱ（連合国軍最高総司令部 General Headquarters）。
注2　ＣＩＥ（民間情報教育局 Civil Information and Educational Section）。

使節団の報告書は、旧制の師範学校を四年制のカレッジに置いて六・三・三・四制の四を勧告したものだった。だが、当時の日本の関係者にはそのカレッジとユニバーシティの区分認識が乏しかった。一方、GHQの部局間でも利害関係が絡んでいた。公衆衛生福祉局（PHW Public Health and Welfare Section）は医療や公衆衛生の医療教育に影響をもち、天然資源局（NRS Natural Resources Section）は林業、農業、水産業の教育と深く関わるなどGHQは一枚岩ではなかった。つまり、戦後の学制改革に当たって、日米ともに考える基盤が軟弱で噛み合っていない中で議論されたということだ。それに英文と日本文、その訳文による行き違いもある状況での取り組みだった。

戦前の日本の大学およびその他の高等教育機関の設置認可行為は、実質的には行政官僚の手に掌握されていた。戦後の学制改革は、それらの批判から始まっている。昭和二十一（一九四六）年三月に、第一次米国教育使節団から出された報告書の中では、日本の高等教育行政に次の三点を求めたと、細井氏は記述している。少々長くなるが、この三点を転載させていただく。

①高等教育機関の設置の認可および水準の維持の確認は、何らかの（ある）政府機関（Some Governmental Agency）の責任において行われるべきである。その機関は官僚ではなく、経験ある、信頼できる代表的教育者によって構成され、しかもその任務は設置の認可や基準の維持を監督することに厳しく制限されなければならず、各学校の自律性に干渉し、統制を加えることがあってはならない。

②その責任ある政府機関は、高等教育機関の創設に当たって、学校の目的、財産、予定の教職

員、予定の営造物や物的設備、さらにその学校の当該地域に設置される必要性等について、納得させられなければならない。これらの保護的制限以外は、大学の自主性に委ねられるべきである。

③高等教育の質的向上を計るために、高等教育機関の各種の協会（Associations of institution of higher education）が結成されるべきである。まず、種々のタイプの高等教育機関を代表し、かつ日本の教育界で尊敬されている教育家たちによって委員会を組織し、この委員会が協会の創設委員を指名するとともに、協会への加盟の資格条件となる明確な要件を決定する。これらの協会においては、相互に図書館利用、教授交換、学生交換などについて密接な協力を行うことができるようにする。

この細井氏が抽出した三点をさらに要約すると、①官僚統制の排除を原則に、高等教育機関の設置認可の権限と設置後の監督権を文部省官僚の手から切り離すこと。②高等教育機関の設置基準として、基本的なことを取り決めた後は、大学等高等教育機関の自主性に委ねること。③高等教育機関の質を向上させるために教育界の識者の意見を採り上げる組織を作ることになる。この第一次米国教育使節団から指摘を受けた前後の経緯の概略は次のとおり。

昭和二十一（一九四六）年三月九日付で使節団の高等教育分科会から日本教育家委員会の高等教育分科会へ「アクレディテーション（Accreditation 適格判断）を行使する国・公私立の大学協会を設置する可能性が探求されるべきか」という質問状が出された。日本側からは「日本の大学を改善するためには、アクレディテーションを行使する大学協会を設置したいという強い意向がある」と回答している。

一九四六年十月、ＣＩＥは、従来の旧制大学の設立認可基準の内容は曖昧で、官僚の恣意によるものだったと批判して、大学設置基準は官僚によるのではなく、大学人の代表による協会で作られるべきである、と強力な内面指導を行った上で、文部省に大学設置基準を策定するよう命じた。ＣＩＥの指導を受けた文部省が「大学設立基準設定に関する協議会」を招集した。この協議会は文部大臣の諮問機関ではなく民間専門家団体として、新制大学設置に関する基準の自主的決定に当たる機関となった。

これを機に、昭和二十二（一九四七）年七月八日に大学基準協会が結成され、つづいて、同年十二月に、大学設置委員会が発足した。これは、昭和二十二年三月三十一日公布された「学校教育法」第六十条（注3）にある「大学の設置の認可に関しては、監督庁は、大学設置委員会に諮問しなければならない」に基づくものであった。この第六十条の条文は、第六十八条（注4）の「大学設置の認可に当たっては、監督庁は、大学設置委員会に諮問しなければならない」が修正されたものだった。このように、この時点までは監督庁と文部大臣は別のものと考えられていた。

ところで、第一次米国教育使節団の報告書では、「ある（何らかの）政府機関（Some Governmental Agency）」が学校の設置認可基準、必要基準保持（水準向上基準）の監督する責任をもつべきだと勧告していた。土持氏は、この

注3　学校教育法（昭和二十二年三月三十一日法律二十六号）第六十條「大学の設置の認可に関しては、監督廳は、大学設置委員会に諮問しなければならない。大学設置委員会に関する事項は、命令でこれを定める」

注4　学校教育法（昭和二十二年三月三十一日法律二十六号）第六十八條「大学院を置く大学は、監督廳の定めるところにより、博士その他の学位を授與することができる。博士その他の学位に関する事項を定めるについては、監督廳は、大学設置委員会に諮問しなければならない」

「ある政府機関」が何を指したのか、読み方によっては、文部省を示唆したかにも見えるが、使節団は高等教育の自由化を強調していたこと、中央集権的な文部省に批判的であったこと、地方分権化による民主化を目指したこと等を総合的に勘案すると「ある政府機関」が文部省を指したものではなかったと思われる、と言う。

さらに土持氏は、この「ある政府機関」が何を指したかを使節団の報告書で明示されていないから、その機関を具体的に決める最終判断は、ＣＩＥの教育課に委ねられたと言う。この点に関して、土持氏は、当時、ＣＩＥ教育課長だったオア氏（Mark T.Orr）を訪ねて取材している。オア氏の証言では、当時、オア課長の要請で担当のオズボーン氏（Monta L. Osborn）がまとめた報告書がある。この報告書は、当時、陽の目を見なかったが、この中で「ある政府機関」のことをA Governmental Agency of Competent Educations（有能な教育者で組織された公的な協会）と位置づけ、設置を予定した学校の目的、財源、教職員、施設を調査すべき機関であるとしている。これが第一次使節団の報告書のSome Governmental Agencyすなわち「ある政府機関」を指したものだ。つまり「ある政府機関」とは、初期の「大学基準協会」を指したと思われる、と言う。

継いで、昭和二十三（一九四八）年一月一五日公布の大学設置委員会官制（政令第十一号）第一条に「大学設置委員会は、文部大臣の監督に属し、その諮問に応じて大学設置の認可および博士その他の学位に関する事項を調査審議する」となったので、「学校教育法」第六十条の監督庁は実質的に文部省を意味することになった。つまり、大学設置認可の監督庁は、既に「学校教育法」の規定で大学設置委員会に諮問することが義務づけられており、その大学設置委員会が官制で文部大臣の監督に属するようになったので、大学設置認可の権限は、実質的に文部省がもつようになったということだ。

昭和二十五（一九五〇）年に第二次米国教育使節団が来日した。第一次米国教育使節団がその報告書で、高等教育機関の自由化を基調とし、それに対する政府の責任と制限の強調、官僚統制の排除、大学の自主性の確保、水準の維持・向上のための大学の連合組織の結成等を勧告したが、それに対して、第二次使節団は、一次使節団のような高邁な理想を持ち合わせず、報告書に「極東における共産主義に対抗する最大の武器の一つは、日本の啓発された選挙民である」と述べて、日本の教育はアメリカを中軸とする「自由世界」を防衛するための最も有効な手段として位置づけた。つまり、第二次使節団は、第一次のように日本の高等教育に関心を示さず、それより共産圏との絡みから捉えたに過ぎなかった。

以上の経緯を総括すると、第一次米国教育使節団は、高等教育行政については、何らかの政府機関が行うチャータリング（chartering　設置認可）と各種協会が当たるアクレディテーション（accreditation　適格判定）とを区別したにもかかわらず、日本にとって肝心なそれを誰が実施するのか、どんな手続きで制定するかは明らかにしなかった。また、ＣＩＥも、日本の高等教育の民主化を求めて文部省を指導したが、日本政府が旧制の高等教育の構造を温存しようとしたのに対して制限を加えなかった。これらは、日本から見れば、龍を画いてそれに眼を入れなかったようなもので、日本の行政府や教育界としては、戸惑いと思惑が輻輳した。その結果、誰が実施するかの課題が、戦前からの実績をもつ文部省に落ち着いたということだ。

前述のとおり、第一次米国教育使節団は、日本に高等教育機関の自由化や官僚統制の排除などを勧告したが、これらは、占領国とは言え米国が、日本に民主化を勧める手前、主体の日本に大学設置の認可や基準を受け持つ機関まで指示・指定するわけにはいかなかったのは当然だ。つまり、画龍の点睛は日本人の手で入れるように配慮したと受け止めるべきだと思う。ところが、民主化が定着していない戦後の日本において、米国が点睛を入れなかったことで、大学設置認可の権限が文部省に落ち着いたことは当然の帰着だろう。肝心なことは、今後の日本の取るべき針路を考えるとき、戦後の混乱期に落ち着いた文部省の権限を、今後も文部科学省がもち続ける是非を議論すべき時期に来ていると認識することではないだろうか。

ところで、平成二十九（二〇一七）年九月十一日、安倍晋三内閣総理大臣を議長とし、関係閣僚や有識者などで構成される「人生一〇〇年時代構想会議」が開催されている。その会議に提出された資料には、現在の大学の再編集約を含めた抜本的な改革、社会のニーズに応えられる教育、働くために必要な学力の修得、産業界で求められる人材の強化などがあった。今後、実学の実用学問と基礎学問との問題、文部科学省の権限分散や所感問題も含めて大学問題が議論され、新たな方向へ進むことに期待する。

権限分散

行きがかり上、その議論材料を一つ提供させていただく。文部科学省がもつ認可と予算配分の権限の委譲・削減に絡ませて、今後の大学がどのような仕組みで教育した人材を社会に送り出すべきかを考えてみる。ここでは、その発端として、まず、比較的最近の文部科学省に関わる話題を採り上げる。

二〇一七年二月五日の朝日新聞の「日曜に想う」(55)の欄で、曽我豪編集委員は「一〇〇年前の文部省廃止論」と題して、高橋是清が提出した「内外国策私見」を紹介しながら、自分の主張を一五〇〇文字ほど記述している。その中から文部科学省の権限に関する所を拾い出すと次のとおり。

曽我編集委員は、一〇〇年前の高橋が「学長選挙も内部行政も文部省の手を煩わせず大学の自治精神を発揮させよ。……文部省は一国にとりて必ずしも必要欠くべからざる機関にあらず」などと提案していることを紹介し、曽我編集委員自身が自分の言葉で「なぜ今この時代この国において、科学でも文化でも体育でもなく、文教事務を国家が統括する『文部』を頭に冠した役所が存在する必然性があるのか。責任を負うべきところで身をかわし、自由に任せるべきところで管理を持ち出し、特権を慎むべきところで守ろうとする。そうしたちぐはぐな行動様式を改めない限り、その必然性を感じさせることは難しい。百年たっても、『必要欠くべからざる機関』であることの挙証責任は他でもない、文部官僚たちにある」とかなり手厳しく結んでいる。

この曽我編集委員の主張は、文部科学省（文部省）は大学を縛りつけることを止めよ、と主張しているものと受け止める。これを裏返すと、大学はそれぞれの大学自体の考えで教育しろ、という大学の自治の重要視を主張しているということになる。

もう一つ、これも朝日新聞二〇一六年七月二十六日の記事だが、当時の文部科学省の常盤豊高等教育局長に、朝日の記者がインタビューした記事[02]である。その中で常盤局長が答えた中に「特に多くの税金が投入されている国立大学は強みや特色を明確にし、社会的に求められる役割をはたさなければならない」「大学は、アカデミックな問題だけを扱う組織でなく、地域など社会的な課題の解決に貢献する組織だと思う。経済界などと積極的に協働して人材を育成する方向に大学が自ら前進する必要がある」とある。常盤局長は、社会の求めに貢献し、関連産業界と協力し合って人材育成に応じることの大切さを主張しているのだ。これは、常盤局長個人の考えだけでなく、文部科学省に広がっている考えだと受け止めていいだろう。傍線は筆者が付けたのだが、この地域社会への貢献や、経済界などと協働して人材を育成する、ということは、これまで度々触れて来た肥後藩の実学党が主張した、「実学とは実生活に活かせる学問」に通じることでもある。

以上の二つの記事から読み取れることを一言で換言すれば、文部科学省は日本の高等教育を一元的に捉えるのでなく多元的に捉えることを求められていることになる。そうすると、何だか、前述の中西事件で商業教育は商務省所管、水講事件で水産教育は農林省所管と渋沢栄一らが唱えた主張に通じるところがある。

また、現在、文部科学省が握っている全国の大学への予算の配分について、第四章の東京の第一水産講習所が東京水産大学（現東京海洋大学）へ昇格した項で述べたように、当時は文部省と農林省との間で、「農林省としては、例えば練習船をつくるなどの水産教育に関する予算を獲得できる根拠をもちたい。ただし、このことは公式扱いにはならないので次官同志の覚書にする」と言った約束を交わしたが、GHQの命令でつぶれてしまった、といった経緯がある。実際GHQの命令だったかどうかは疑問だが、戦後の日本に大学の予算は文部省だけでなく、他の省庁で組む考えもあったことは確かだと言えよう。

ところで話はがらりと変わるが、筆者は、本稿の第五章までほぼ書き終えた今年（二〇一七年）の四月に、口腔がんの手術を受けた。手術後のゴールデンウイーク真只中の五月一日に傷口から大量の出血があり真夜集中治療を受けて、当直の三十代の医師が看護師たちと適切な処置をして一命が助かった。

これは筆者にとって生死を分ける一大事だったが、医療の最前線では日常茶飯事的なことかもしれない。だが、この若い医師は、おそらく人一倍勉強して医学部に入り、一般大学生より高いお金と長い年数をかけて卒業し、さらに、医療の現場で修業を積んで、その間論文を書いて、数多くの論文を読んで、一般社会ではゴールデンウイークを楽しんでいる人がたくさんいる中で、当直医師として勤務し、夜中に生死を分ける患者の処置に当たっている。また、筆者は、入院中に多くの看護師のお世話になったが、新人看護師が入院患者から初めて採血するには、事前に五人か六人の先輩看護師の血管から実際採血するテストを行い、先輩から合格と判断されてからだと言う。筆者は不幸にしてがんを患いこの医療最前線の事情を初めて知ったが、医療大学や学部の新設などの認可に携わる文部科学省では、こう言った医療現場をどこまで承知しているだろうか。一般的に、現役の官僚は健康体であるから患者として知る機会は少ないだろう。

先の大学認可に関わる手続きには文部科学省の官僚が事務局として担当する。文部科学大臣に答申する審議会を構成する委員は、それぞれ認可申請の分野に関係深く知識を持った人が選ばれるだろうから、確かに民主的な手順を踏んでいるかと思う。では事務局は認可申請事項に関する知識を持っていなくてもいいのかとなるとそうはいかない。認可申請を受ける窓口として、また、審議会で出された議題の説明者として、認可申請事項に関する知識は欠かせない。だから事務局は、認可申請に関わる現場の知識もある程度持ち合わせておかなければならないはずだ。

その点、先の医療最前線の例だと、同じ官僚でも文部科学省よりも、医師免許取得者も採用している厚生労働省の官僚の方が、現場の知識をもっている。そうすると、単純に考えて、医療大学や学部の設立認可申請に関する事務は、現場を承知している厚生労働省の方が適しているかと思う。医療大学と同じことは水産業に関しても言える。大時化の大海原で危険を背に働く漁業の現場を承知している水産系出身の官僚がいる農林水産省の方が、文部科学省の官僚より適しているかと思う。表現を変えると、実学を主体とした教育が必要な大学は、文部科学省の所管よりも現場を知っている省庁の所管の方がベターではないだろうかと言うことだ。つまり、医療関係だったら厚生労働省、商経済関係だったら経済産業省、水産学関係だったら農林水産省の所管にする。そうすれば、これまで文部科学省に集中している権限も分散されることになるはずだ。

ここで、第四章の水講事件のところに記述した時の大物の渋沢栄一と村田保が主張した言葉を思い出していただくため、あえて再度記述する。渋沢栄一は「陸軍や海軍の高等教育は、文部省ではできないからそれぞれの省で実施している。水産も同じで農商務省所管じゃなければならない。また、水産学者を育てるのは帝国大学の水産学科に委ねて置けばいい。水産講習所で学者を育てる必要はない」、村田保氏は「水産講習所の役割は水産界の実状に沿って就業して問題なく働いている。それが文部省に移管されて、一般学校と同じ規定で教育されると、斯業開発に適切な人材の養成にならない」と言っている。戦後、まだ民主主義を理解できない状態にあった日本が、GHQに急かされながら取り決めた学制改革を見直すには、この渋沢栄一時代に時計の針を戻して考えるのも選択肢の一つかと思う。その結果次第では、現在、文部科学省が一括して握っている権限を関係省庁に振り分けることになる。

事務的処理を考えると、権限が分散していると、それぞれ関係者と意見交換が必要になるから権限が集中していた方が効率的なことは確かだ。だが、そもそも独裁主義に比較すると民主主義は時間と金がかかるものだ。戦後、民主主義を執って来た日本においては、権限を集中させることより分散させることを基本にすべきである。

これを大学に当てると、日本の大学の全てを文部省所管とする権限集中も、予算を一括して文部科学省が扱う権限も分散すべきではないだろうか。さらに、もう一歩踏み込むと、文部科学省の大学設置基準に合えば、現在の農林水産省所管の水産大学校、厚生労働省所管の国立看護大学校などは、それぞれ「校」の字を外して水産大学、国立看護大学とし、同じように文部省所管以外の省庁所管の私立大が創設も認められる制度に学校教育法など関係法を改めるべきではないだろうか。つまり、渋沢栄一等が主張した実学教育の形態に戻す、温故知新を考える時が来ているのではないだろうか。

「海を耕す」はギブ&テイク

人は、学問抜きに、大学抜きに、何千年、何万年と命をつないで来た実績をもっている。そこから考え始めると、人はなぜ学問をするのか。人はなぜ大学を必要とするのか、人はなぜ大学に進学するのか、日本の大学進学率はなぜ五〇％に達したのか、などの単純な疑問への答は見出せない。

昭和三十一年に文部省令第二十八号で定めた大学設置基準には「大学は人材養成の目標を定め公表し、その目標を達成するために必要な授業科目などを自ら開設し、教育課程では、幅広く深い教養、総合的判断力を培い豊かな人間性を育成しなければならない」と言った主旨で記されている。これを受けて、各大学は「実業界で活躍する人材育成、広い視野をもった基礎的専門知識を有する人材育成、豊かな人間性と道徳性、社会で有為な活動ができる人材育成」などと、社会のニーズに応えられる人材育成を目標に掲げている。

これでは、社会に役立つ人材育成のために大学があり、社会に役立つために人の半分が進学していることになる。ここからは、大学進学を目指す受験生の主体性が見出せない。受験生及びその家族の大半は、学歴社会における競争力をつけ、より豊かな生活を送れるようにという願いを込めての大学進学なのだろうが、そのことは、大学設置基準にも大学の教育目標にも出て来ない。つまり、国や大学は社会のための大学と言い、受験性は自分のための進学と言う。この両者のずれは、本項の冒頭に掲げた何のために大学で勉強はするのかの答えが示されていないからだ。そこで、以下、この問題を考えてみる。

大学設置基準とは大きくずれるが、大学の高等教育目標をこれまで触れてきたことも含めて単純化すると、①より多くの高度な知識を身につける、②その得た知識を素に知恵を出す、③さらにその知識と知恵を社会で活用し役立たせる、の三点に分けられる。

①の知識は、頭で覚える知識と身体で覚える知識があり、頭で覚えるものは文献や講義が主体であり、身体で覚えるものは、医学で言えば先に述べた医療現場や水産だったら乗船実習や食品製造工場などの現場での実習がそれになる。②の知恵は、①で得た知識を素に考え出される応用、改良、新規創造など頭を使った結果の産物で、歴史的に見ても、人の社会の発展はこの知恵による。③の社会で活用は、いわゆる社会のニーズに応えることだが、知識と知恵の結晶を活用しての社会性である。そう考えると、国や大学の高等教育の目標の重要度は、③の社会性②の知恵①の知識の順になるが、多くの受験生が重視するのは①の知識だ。それも頭で覚えた知識だ。

大学に入るための試験では、より多くの知識を詰め込んでおいて、それらの知識の有無を問われたら、規定時間内に素早く取り出して見せることが求められている。つまり、①の知識を身につけることだけが大学入試の勝負を決める。そこには、知恵を出す能力はほとんど求められない。①の知識を身に着ける能力がある人は②の知恵を出す能力もあるという理解なのかもしれないが、必ずしもそうとは言い切れないところに問題がある。①の能力者は、おそらく、大学でも①だけで上位の成績を収めることができよう。卒業後の就職でも優秀な成績で採用される可能性が高い。どこへいっても、いち早く過去の資料を頭に入れて、新たな出来事も過去の事例に沿って素早く対処できるだろう。

ここまでは、確かに優秀だが、過去に事例がなく新たに知恵を出さねばならない局面になると、その習慣・訓練ができていなければ、対処できなくて挫折する可能性がある。読者の周りの一流企業の社員、官僚、研究者などにもそんな人がいないだろうか。以上、かなりラジカルなことを述べたが、要は、学生は入試や入学後に①の知識を重視し、国や大学では学生に③の社会性の重視を掲げながら、成績は①の知識で評価する。その結果、②の知恵を軽視する傾向があるのではないか、と強調したかったからだ。

前口上はここまでとして、人は陸上生活を営むがために、その長い歴史の中で知り得た海の知識は、まだ極一部しか得たに過ぎない。だから、人にとって、海は、言わば未知の空間、未知の世界である。半面、人は生理的に、海と切っても切り離せない。それは身体の中に海をもっているからだ。

その証拠として、人の汗、血液などの体液は海の濃度とは異なるがその塩分組成がほぼ同じであることが挙げられる。スポーツドリンクは海水の塩分組成を参考にしたとも言われているし、体液の代用医薬品として使われているリンゲル液（生理食塩水）も海水の塩分組成を近づけてつくられている。但し、リンゲル液の塩分濃度は海水の約四分の一の約〇・九％である。

また、人が母親の胎内で育つ羊水は海水の塩分組成とほぼ同じである。「個体発生は系統発生を繰り返す」というドイツの生物学者エルンスト・ヘッケル（Ernst Haeckel　一八三四〜一九一九年）の説に従うと、人の生命は海で発生して、現在の人にまで進化したということになる。つまり、人は、海で生まれ育つ魚と同じように、母親の胎内の羊水という海で育つ、母親の体外に出る誕生が上陸に当たることになる。大昔、人は魚だったのだ。

話が横道にそれたついでに余談を加える。私たちがおいしいと感じる味にコンブやカツオ節の出汁がある。コンブもカツオも海で採れる。そもそもおいしいという味は人が、母親の胎内で魚だったことによるのではないか、即ち郷愁の味をおいしいと感じるのではないかと筆者は考えた。さらに、コンブやカツオは海水のエキスを生物的に濃縮したのではないかとも考えた。試しに、ウドンなどの出汁に海水を直接加えて食べてみたが、不味くはないがおいしいとも思えなかった。だが、筆者は、まだ海水から人がおいしいと感じる出汁を直接抽出することができるはずだと密に考えている。但し、この考えを確認したいのだが、筆者には年齢的に成功させるまでの時間がない。もっとも、筆者が考え着いたことは、既にどこかで誰かが研究・試行しているだろうからそちらに期待しよう。

話を元に戻す。田中耕之助は欧米で学び取った知見をきっかけに「海を耕す」という考えに到達した。それ以来、終戦、戦後と時代が移る中でも、「海を耕す」を水産教育の百年の計として釜山水産専門学校、水産講習所下関分所、第二水産講習所と一貫させて訓じて来た。「海を耕す」は先に述べたとおりギブ&テイクだ。つまり、人が海へギブしてその見返りとしてテイクするということだ。

だからと言って田中は「海を耕す」が、今日の栽培漁業、資源管理型漁業を目指してきたわけではない。もっと大きなスケールで海へのギブ&テイクを提唱してきたのだ。だが、おそらく当人にも時代と共に変化する海へのギブとそこから還って来るテイクの予測はできなかったはずだ。ただ、時代が変われば、それに応じて人から海へのギブも海からのテイクも変わるものだと信じていたであろう。水産が魚介類だけを対象にしているだけでなく、魚介類の住む海全体を対象にしていることは、アメリカの水爆実験が海を汚染させたことを解明した俊鶻丸のビキニ環礁水爆実験調査でも証明されている。このことを田中は俊鶻丸を所管する水産講習所の所長として承知していたはずだ。

ところで、人が「海を耕す」ために必要だが未だに知り得ていない知識が海の中にはたくさんある。現在、日本で最も大きなスケールで海を耕している組織は、文部科学省所管の国立研究開発法人海洋研究開発機構（ＪＡＭＳＴＥＣ）だろう。何しろ水深六五〇〇メートルまで潜って探索できる有人潜水調査船「しんかい六五〇〇」を使って世界の海を相手に活躍している。ただ、まだ「海を耕す」のに適した場所を探して、関係者に大きな夢を与えている段階だが、二〇一六年には、本州から

写真 10　深海に散在するマンガン団塊
（JAMSTEC プレリリース資料より）

写真 11　マンガン塊の大きさ
（JAMSTEC プレリリース資料より）

南東一八〇〇キロの南鳥島沖の排他的経済水域（EEZ）の五五〇〇～五八〇〇メートルの海底からマンガン団塊（ノジュール nodule）を探し当てた。このマンガン団塊には、マンガンの外にコバルト、ニッケル、銅、モリブデンなどのレアメタルが含まれていると言う。ただ、現段階では経済的に採鉱できる技術が確立されていないのだ。

このマンガン団塊は、「しんかい六五〇〇」の映像（写真10・11）では、直径数センチから一〇センチほどの球状の物体が海底にごろごろ転がっており、埋まっている状態ではない[26]。

この映像を見て採鉱方法として思い当たるのは、水産が持っている技術の一つの底曳網漁法を応用ができないかということだ。もっとも、単に網を五五〇〇メートルに延せばいいというわけにはいかないのは当然だろうが、もし、まだ、このマンガン団塊の採鉱に底曳網漁法の応用が検討されていないのであれば一考に値するかと思う。

底曳網漁法と言っても、比較的浅い沿岸漁場で小型漁船を使ってナマコや貝類などを獲る漁法から沖合や遠洋の漁場では、小林多喜二の小説『蟹工船』で知られるように、水深一〇〇〇メートルもあるオホーツク海などで大型船を使ったタラバガニ漁業で使われた漁法もある。つまり、底曳網漁法は、水深の深浅に関わらず、海底に生息している魚介類を獲る技術なのだ。この底曳網漁法を五五〇〇メートルの海底に転がっているマンガン団塊の採鉱に使えるのではないか、という提案である。

ところで、漁業の実態を知らない人は、漁業が頭を使わないとできない仕事だということをご存じないようだが、人の生活空間の陸上と違って海は人にとって未知の世界だから、絶えず知恵を出さないと魚介類は獲れないのだ。この知恵は、船舶の走行一つとっても、陸上のレールの上を走る列車や道路を走る車のように決まった所を走るわけではないだけに欠かせない。ましてや見えない海底に棲む魚介類を獲るのは、決められた法律や規則に沿って処理する事務処理する仕事とは全然違うわけだ。確かに音波を使って海底地形や魚群をとらえるソナー（SONAR Sound navigation and ranging）や魚探（魚群探知機、echo sounder）などは使えるが、海底にも山あり、谷あり、平野ありだ。それに魚介類の習性も加わるから、網を入れて曳けばいいというわけにはいかない。だから漁業は漁民をはじめ知恵を出さねばならない仕事なのだ。

世界的にみれば、底曳網漁法は海底の環境を害するという非難もあるが、その一方で、海底耕耘で底質を改善し、魚介類が生活できる空間を広げる作業にも使われている。この底曳網漁法と、見えない、逃げる、隠れる魚介類を獲っている漁民らの知恵を使えば、深海五五〇〇《メートル》の海底に、見える、動かないマンガンを採鉱することは、そう難しいことではなさそうだ。水深数百《メートル》のエビ漁場で好成績を収めている腕利きの漁民の知恵を使って、数回改良しながらの採鉱試験を行えば経済的にペイするマンガン採鉱ができるかと思う。繰り返すが、漁民は知恵を使わないと務まらない。腕利き漁民探しは農林水産省水産庁の海という現場を知っている官僚を通じれば、そう難しいことではない。

昭和二十九（一九五四）年に、ビキニ環礁を水産庁、気象庁などが一体となって調査した「俊鶻丸」方式に習って、「海を耕す」適地を掴んで来た文部科学省と農林水産省が手を組み、水産大学校の練習船「耕洋丸」など底曳漁業の装置をもった大学の練習船を活用するなど、産学官が一体となれば可能かと思う。

これは、海が水産だけの物ではないという広義の「海を耕す」の範疇に入る。つまり、水産学の知識をもって、海に人知を注いで行くということだ。例に挙げた海の産業開発としてマンガン団塊の採鉱に底曳網漁法の技術の活用を検討するのもその一つと言っていいだろう。その他にも、海水中に溶解している物質や海底に埋まっている鉱物資源も対象にする。また、生物濃縮（出汁など）、海流や波浪のエネルギー、バクテリアなど活用できる未知の資源は多々ある。それらを対象に機械工学や水産の知識と技術を活かす。これらも田中の「百年の計をもって海を耕す」に通じるかと思う。

ところで、田中が釜山高等水産学校の校長に就任して「百年の計をもって海を耕す」を主張してきたわけだが、この釜山高等水産学校は、朝鮮半島の資源を活用すれば、資源に恵まれない日本が世界を相手に戦うこともできるという軍事目的を含んだ朝鮮半島の産業振興を唱えた鎌田構想が発端であった。その鎌田構想は、イワシ資源の減少で軍事構想としては失敗だったが、朝鮮半島の産業振興としては、漁港の整備と同時に釜山高等水産学校の創設など後世の発展につながるものを遺したのだ。

その釜山高等水産学校（水産専門学校）は、開戦の一九四一年から終戦の一九四五年までのわずか四年余りの短期間しか存在しなかったが、戦後、日本では、艱難辛苦のなかで水産講習所下関分所、第二水産講習所、水産講習所、水産大学校と推移してきた。一方、韓国では、苦しい中で釜山に遺された人材と施設を基に再興させ、釜山水産大学、釜慶大学校水産大学、同水産科学大学へと目覚ましい発展を成し遂げて来た。

その韓国は、二〇一六年に、国際連合食糧農業機関（ＦＡＯ　Food and Agriculture Organization）の傘下にある世界水産大学（world Fisheries University）を誘致し、二〇一八年に開校予定だそうだ。この世界水産大学では、水産資源が豊富な開発途上国などの水産関連の人材を対象に、修士、博士課程として水産政策、養殖技術、資源管理などを学べる教育機関である。この一連の発表の中で、水産の高等教育機関として最も歴史がある一九四一年に設立された釜山高等水産学校が母胎になっていると言っている。

そうすると、世界水産大学の開校は、イワシを原料にダイナマイト製造する鎌田構想から水産講習所の実学を学ぶ釜山高等水産学校が創設され、田中耕之助校長の「百年の計をもって海を耕す」の教えを受けたことが源にあるのだ。つまり、鎌田構想に端を発し、田中が蒔いた水産講習所の水産実学の種が消えそうになる中で、韓国の計り知れない努力があって、世界へ発信できる高等教育機関にまで成長したということだ。これは、アジア大陸を視野に入れた鎌田にとっても世界の海を視野に入れた田中にとっても喜ばしい果実の一つに違いない。

考えてみると、日本は、古くは中国大陸や朝鮮半島の先進文化や技術に視点をおき、近代は欧米諸国の文化や技術に視点置いて発展を期して来た。せっかく海に囲まれながら、これまで海に視点を置いた発展への考えが乏しかった。その点、「百年の計をもって海を耕す」は、日本が世界に先駆けて平和的に発展する可能性を秘めた次世代・次々世代へ贈る財産であり、夢でもある。

参考資料と文献

資　料

01 東京朝日新聞　大正三（一九一四）年十一月十四日
02 「朝日新聞社記者のインタビュー」朝日新聞　二〇一六年七月二十六日
03 「海の放射能に立ち向かった日本人―ビキニ事件と俊鶻丸」ＮＨＫ特集　二〇一三年
04 海上自衛隊下関基地隊ホームページ
05 貴族院議事速記録第十四号　大正三（一九一四）年三月十三日
06 京城日報「火田の話」神戸大学附属図書館所蔵　昭和四（一九二九）年
07 国会文部委員会第七号　昭和二十三（一九四八）年十一月二十五日
08 国会文部委員会第一八号　昭和二十四年（一九四九）五月二十二日
09 国会水産委員会第三号　昭和二十四年（一九四九）十二月二十日
10 国立国会図書館デジタルコレクション　鎌田澤一郎執筆歴
11 渋沢青淵記念財団龍内社編集『渋沢栄一伝記資料』第四十六巻二二（二六新報・中央新聞・雑誌東洋）昭和三十七（一九六二）年
12 衆議院水産委員会二号　昭和二十三（一九四八）年十二月七日
13 参議院水産委員会三号　昭和二十四（一九四九）年三月二十五日

14　衆議院水産委員会六号　昭和二十四（一九四九）年四月九日
15　衆議院水産委員会議事録　一八　一九　二〇　二一　二二号　昭和二十九（一九五四）年
16　参議院水産委員会議事録　一　一三　一四　一七　一八号　昭和二十九（一九五四）年
17　水産大学校同窓会名簿　平成二十五（二〇一三）年
18　「滄溟特別号」水産大学校同窓会誌　一九七〇年
19　「滄溟四四号」水産大学校同窓会誌　一九八一年
20　「滄溟六五号」水産大学校同窓会誌　一九九一年
21　「朝鮮総督府諸学校官制中ヲ改正ス」国会公文書館デジタルアーカイブ　昭和十六（一九四一）年
22　第二十八回国会水産委員会会議録第八号　昭和三十三年（一九五八）
23　一橋大学広報誌HQ二六、二〇一六年
24　防長新聞記事　昭和二十一～二十三年（一九四六～一九四八）
25　山口大学ホームページ「山口大学の来た道四」
26　JAMSTEC（国立研究開発法人海洋研究開発機構）プレリリース　二〇一六年

文　献

27　天野郁夫『大学改革のゆくえ』玉川大学出版部　二〇〇一年
28　飯山太平『水産に生きる』水産タイムズ社　一九六六年

29　内山昌也『滄溟』六五号　一九九一年
30　梅林信彦「田中耕之助先生の思い出」水産大学校同窓会誌『滄溟』一〇五号　二〇一一年
31　海老名謙一「水産伝習所長物語」「水産講習所長物語」（東京水産大学同窓会誌『楽水』）
32　大井田孝『戦中・戦後における喪失商船』
33　大澤俊夫「森有礼・渋沢栄一の教育理念と申酉事件」一橋大学一〇〇周年記念行事講演
34　大田盛保「軽合金製船船建造技術確立期のある造船所と船体構造の紹介」『日本船舶海洋工学会講演論文集』第二二号　二〇一六年
35　沖田行司『幕末の学校改革―横井小楠の場合』同志社大学キリスト教文化センター　二〇〇九年
36　鎌田澤一郎『ゼントルマン勇気論』林繁蔵回顧録　一九六二年
37　鎌田澤一郎『宇垣一成』中央公論社　一九三七年
38　鎌田澤一郎『松籟清談』文芸春秋新社　一九五一年
39　鎌田澤一郎『羊』大坂屋書店　一九三三年
40　鎌田澤一郎『朝鮮は起ち上る』千倉書房　一九三三年
41　鎌田澤一郎『宇垣一成日記』みすず書房　一九六八年
42　角川春樹『わが心のヤマタイ国―古代船野性号の鎮魂歌』立川書房　一九七九年
43　亀山勝『安曇族と住吉の神』龍鳳書房　二〇一二年
44　亀山勝『弥生時代を拓いた安曇族Ⅱ』龍鳳書房　二〇一五年

45 亀山勝『肥後もっこすと熊本バンド』龍鳳書房　二〇一四年
46 川崎健『イワシと気候変動』岩波新書　二〇〇九年
47 国廣淳一『滄溟』四二号　一九八〇年
48 越川虎吉『滄溟』二四号　一九七一年
49 嚴基權『京城日報における日本語文学』二〇一五年
50 島津淳子「法政大学大学院経営学研究科経営学博士学位論文」二〇一四年
51 清水泰幸「海峡を渡った旧制中学生」『滄溟』八二号　一九九九年
52 清水泰幸「合格通知（資料）」『滄溟』八六号　二〇〇一年
53 『水産大学校二十五年史』（二十五年史）一九七〇年
54 『水産大学校五十年史』（五十年史）一九九一年
55 曽我豪「一〇〇年前の文部省廃止論」朝日新聞　二〇一七年二月五日
56 『大王のひつぎ海をゆく』読売新聞西部本社　二〇〇六年
57 田中耕之助「耕洋丸の命名」『滄溟』六号　一九五九年
58 谷口利雄・駒野鎌吉『われら水爆の海へ』日本織物出版社　一九五四年
59 千葉卓夫（天吼）『（句集）玄海』一九七四年
60 土持ゲーリー法一『戦後日本の高等教育改革政策』玉川大学出版部　二〇〇六年
61 チャールス・エルトン『動物の生態学（一九二七年）』渋谷寿夫訳　科学新興社　一九五五年

62　寺沢安正『水力発電開発から電気化学工業の父・野口遵』一般社団法人中部支部　二〇〇九年
63　『東京水産大学百年史』一九八九年
64　徳井賢『朝鮮半島の火田民』文芸社　二〇一三年
65　「農林省船舶小史」東海区水産研究所業績『魚』一四号　一九七五年
66　長谷成人『水産振興』447号　財団法人東京水産振興会　二〇〇五年
67　羽田貴史『戦後大学改革』玉川大学出版会　一九九九年
68　原田環・藤井賢二『朝鮮の水産業開発に関する文献リスト』
69　『北大百年史』一九八〇年
70　広瀬誠『滄溟』九号　一九六一年
71　細井克彦「大学設置基準に関する一考察」『大阪市立大学文学部人文研究』三八号　一九八六年
72　穂積真六郎『わが生涯を朝鮮に』友邦協会　一九七四年
73　穂積真六郎講演（近藤釼一編集）『朝鮮水産の発達と日本』友邦協会　一九六八年
74　三宅恭雄『死の灰と闘う科学者』岩波新書　一九七二年
75　森浩一・永留久恵『古代技術の復権』小学館　一九九四年
76　森下研『興安丸』新潮社　一九八七年
77　森田芳夫・長田かな子『朝鮮終戦の記録』巖南堂書店　一九八〇年
78　谷津明彦・高橋素光「レジームシフトと資源変動　川崎健（一九二八～　）」『水産海洋研究』七

七（創立五十周年記念特別号） 二〇一三年

79 山本武利「太平洋戦時下における日本人のアメリカラジオ聴取状況」『関西学院大学社会学部紀要』八七号 二〇〇〇年

80 吉田敬市『朝鮮水産開発史』朝水会 一九五四年

（さ行）

（た行）

主な人名索引

（本文内のみ）

（あ行）

あとがき

本書を書く当初の考えは、次のきっかけだった。数年前に、筆者の女房が、バス停で顔見知りの当時八十歳ほどのご婦人がすてきな装いで外出される姿を見て、「お出かけですか」と声をかけたら、「これから、上海にあった女学校の同窓会に出席するの、でも後輩がいないので、これが最後の集まりになるでしょう」と楽しさと寂しさを交えた顔で答えられたそうだ。

ご承知のとおり、日本は、終戦時まで満州・朝鮮半島・中国大陸・台湾などの現地に、小中女学校から高等教育機関まで、公私立あわせると二三〇〇校ほど開設していた。先のご婦人は、上海に開設された女学校で学んでいたが、それらの学生・生徒は、終戦とともに日本人は引揚げてきたから後輩はいないのだ。その後、ご婦人は老人ホームに入られたそうだから、やがて、この上海の女学校のことは語り継ぐ人もいなくなり、世の中から忘れ去られるだろう。

また、戦後も七〇年以上経過すると、政界、経済界を始め中枢を担っている各界の人たちは、戦前・戦中・戦後の状況を知らない世代に移っている。そういうこともあって、たとえば、「引揚者」という言葉を聞いて、即、戦時中に満州・朝鮮半島・中国大陸・台湾などの外地で生活していた日本人が、敗戦とともに、大切な家財や、かけがえのない家族までも失いながら、日本（内地）へ命からがら逃げるように帰って来て、親戚などの地縁血縁を頼って住む場所を探し、苦労しながら何とか生き延びて来た人たちのことが頭に浮かぶ人が少なくなっている。あの太平洋戦争が風化しているのだ。

その引揚者という言葉が薄らいだ証拠は、辞書の出版年からも読み取ることが出来る。岩波書店が二〇〇八年に発行した『広辞苑』六版で「引揚者」を引くと「①引揚げる人。②特に第二次大戦後、国外から引き揚げて内地へ帰って来た者」とある。一九九八年発行の五版も六版と同じだが、一九九一年発行の四版までは、②にある但し書きの「特に第二次大戦後」という言葉は入っていない。この『広辞苑』から推察すると、戦後生まれの世代が四十五歳になった一九九〇年代に入る前あたりから、「特に第二次大戦後」と断らないと、引揚者の意味が正しく伝わらない人が増えてきたということなのだろう。ことによると、但し書きがなければ、引揚者と言えば、海底に沈んだものを引き揚げる人、あるいは、海外勤務から国内勤務に戻る人などが思い浮かぶ世代が増えてきたのかもしれない。

ともかく、上海の女学校の話を聞いて以来、筆者の頭の中には、戦前、朝鮮総督府に創設された釜山高等水産学校（釜山水産専門学校）が内地に引揚げて来て、現在も下関市に水産大学校として存続していること、および、その創設の背景から現在に至る経緯を戦争史の一ページとして、また、同大学校出身の筆者として後世に遺して置かねばとの思いを強くした。ただ、そうは言っても、この思いは、筆者にとって不慣れな分野だけに、思い起こしては消え、再度思い起こしては消えを繰り返していた。

平成二十七（二〇一五）年は、戦後七十年の節目に当たったこともあって、多くの戦前戦後の話題が出ていたが、筆者が知る限り、それらの中で外地の教育機関とその引揚げ、その苦労について深く語られたことは見当たらなかった。朝鮮総督府に創設された釜山高等水産学校がたどった経緯を綴ることが、筆者に残された人生の中での使命に思えるようになり、ようやく執筆のために文献を調べ始めた。その結果、まえがきに書いたとおり、視野の広い鎌田澤一郎と田中耕之助に出会い、当初の使命からずれた書になってしまった。

それに、本文中にも書いたが、第六章の構想も固まり二〇一七年三月には書き終えることができると思った矢先、その三月の始めに、筆者に口腔がんが発生していることが判明した。以降、検査、入院、手術、闘病に追われ、本書の原稿は放置された。何とか五月末に退院したが、後遺症から左耳が聞こえなくなり、ただ心臓の鼓動だけが頭に響くようになった。物事に集中できなくて原稿から離れた。それでも気を取り直して七月になって原稿に目を通し始めたが、筆者の悪い癖でどうしても書き終えた原稿に手を入れたくなった。それも終え、参考文献や図表写真の整理に取り掛かった矢先、今度はがんがリンパ腺に転移していることが判り、九月の初めに再度入院、手術となった。それも何とかしぶとく凌いだが、より再発のリスクをさけるためには放射線治療が必要だと言う。これは二か月半の通院で対応だそうだ。おそらく後遺症も出ることだろう。迷った挙句、放射線治療は断ることにした。したがって、がん再々発によるリスクは高まった。まだまだ手を入れたい原稿だが、ここらで手を打っておかないと幻の書になってしまうと思い出版することにした。そんなことで、筆者にとっては、本書はがん手術記念号になった。

追記　本書の表題は、当初「戦後外地引揚高等教育機関の艱難辛苦」にするつもりでいたが、鎌田と田中に惹かれて原稿へ手を入れていくうちに、田中の言葉「海を耕す」がイワシに目を付けた鎌田にも通じるので、これに改めることにしていた。いざ原稿を書き終えて念のため「海を耕す」をネット検索してみると、戦後いち早く近畿大学初代総長の世耕弘一（一八九三〜一九六五年）が「海を耕す」を唱えており、また、長沼毅の『深層水「湧昇」、海を耕す！』（二〇〇六年　集英社新書）があり、さらに、岡本信男の書『海を耕す』（一九四一年　霞ヶ関書房）があることを知った。

昭和十六（一九四一）年に釜山高等水産学校の初代校長に就任して以来唱えてきた田中の「海を耕す」の言葉は、時間的に見て、戦後の世耕と二〇〇六年の長沼の影響はないとしても、岡本の書は田中へ何らかの影響を与えた可能性がある。そこで岡本の「海を耕す」を読んだ。

これは、函館高等水産学校（現・北海道大学水産学部）を出たばかりの若き岡本信男が林兼商店（後・大洋漁業）のトロール（底曳き）漁船「地耕丸」に見習航海士（運転士・漁撈技術員）として乗船し、日本で初めて東シナ海から南シナ海、トンキン湾で底曳き漁業を操業した時の航海記である。B六判三〇〇頁余りの中に「海を耕す」とそれに類する言葉が都合九か所出て来る。

岡本が著書の表題に使った「海を耕す」の意味するところは、その一つが、海洋国として日本が海に関する水温、海流などの海洋調査、新漁場の開発、漁場で働く漁撈状況などの情報を掌握する重要性の主張であり、もう一つが、次の彼の記述に表れている総合的な海の調査研究機関の必要性である。

「海を耕すのはひとり漁業に止まらない。商船の活躍、更に軍艦あり、監視船あり、調査船がある。上空を飛翔する飛行機においても海洋を無視することはできない。総合的な海洋の調査研究機関と、船に働く国民を養成する充分なる施設が必要となってくるのではないか。ある人は嘗て、海洋省の設立を叫んだが、海に関係をもつ者の痛感する所であろう。従来は、漁業は試験場で、海軍（運）は水路部で、其の他気象台、逓信省、海運関係者、港湾、商船学校、水産学校、学者等々、何れも独自に行ってはいたが、その間に充分なる連絡が無なかったために、総合的でなかった」。また、岡本の文章の中には、「百年の、或は千年の、そして永久の海を開拓するためには、実に孜々として倦まざる努力が必要である」と言った表現もある。

ところで、この岡本の「海を耕す」の書と「百年の計をもって海を耕す」と、釜山高等水産学校の開校以来学生に訓示して来た田中の「海を耕す」の接点が気になったので探ってみる。

筆者が手元にもっている岡本の書『海を耕す』は昭和十六（一九四一）年七月二十五日十版発行とあり、序文は水産講習所の杉浦保吉所長と岡本の同級生だった鹽見潔が書いている。杉浦の日付は十六年初夏、鹽見の日付は十六年五月十日となっている。また、岡本の後書きにある日付は十六年七月五日になっている。だから、岡本は五月十日以前に『海を耕す』を脱稿していたことは間違いない。

一方、田中は、昭和十六年五月十五日に釜山高等水産学校の開校式と入学式を校長として行っている。その校長の任に就いたのは、杉浦所長と同じ水産講習所で教授を務めていた田中が杉浦に推されたからだ。つまり、杉浦と田中は密接な間柄だった。

だから、田中は、校長としての入学式以前に、杉浦を通じて岡本の『海を耕す』の原稿を見せてもらったか、岡本が『海を耕す』という本を書いたと耳にしていた可能性はある。ただ、『海を耕す』は、二十四～五歳の学校卒業間もない岡本が、初めて使った言葉とも思えない。おそらく、岡本も函館高等水産学校で学ぶ過程で得たか、杉浦の序文にも出ている言葉だから、当時としてはかなり汎用性のある言葉だったのではないかと思う。当時の文献等に当たればわかることだろうが、同じ「海を耕す」の言葉でも岡本と田中ではそれを使った動機が違うので、これ以上追究することは止める。

なお、岡本は、その後、全国漁業協同組合連合会（全漁連）に入り、昭和二十一（一九四六）年に水産社を起こし、『水産新聞』を発行、『近代漁業発達史』（一九六五年　水産社）、『漁業系統運動史』（一九七三年　全漁連）、『日本漁業通史』（一九八四年　水産社）など数多くの水産関係の貴重な書を著している。

出版に当たって、長年世話になっている長野市にある龍鳳書房の酒井春人社長に無理を聞いてもらった。改めて謝意を表させていただく。

二〇一七年十月二十五日

亀山　勝

龜山　勝

略歴

1938年　福岡県生まれ
1964年　水産大学校増殖学科卒業
　　　　神奈川県水産試験場勤務
　　　　　　同　　　指導普及部長
神奈川県漁業無線局長
全国海区漁業調整委員会連合会事務局長
神奈川県漁業協同組合連合会考査役
東京湾水産資源生態調査委員など歴任
現在、漁村文化懇話会会員
(財)柿原科学技術研究財団監事

著書

『おいしい魚の本』(1994)(株)河合楽器製作所出版事業部
『漁民が拓いた国・日本』(1999)(財)東京水産振興会
『安曇族』(2004)(株)郁朋社
『安曇族と徐福』(2009)(有)龍鳳書房
『安曇族と住吉の神』(2012)(有)龍鳳書房
『弥生時代を拓いた安曇族』(2013)(有)龍鳳書房
『肥後もっこすと熊本バンド』(2014)(有)龍鳳書房
『弥生時代を拓いた安曇族Ⅱ』(2015)(有)龍鳳書房

共著

「漁村の文化」(1997)漁村文化懇話会
『古代豪族のルーツと末裔たち』(2011)新人物往来社

百年の計をもって「海を耕す」

二〇一八年一月二十日　第一刷発行

著　者　龜山　勝
発行人　酒井春人
発行所　有限会社　龍鳳書房
〒三八一－二二四三
長野市稲里一－五－一北沢ビル
電　話〇二六－二八五－九七〇一
FAX〇二六－二八五－九七〇三
URL:www.ryuhoshobo.co.jp
Email:info@ryuhoshobo.co.jp

印刷・製本　有限会社太河舎

定価は本のカバーに表示してあります

ISBN978-4-947697-58-5 C0021